深埋长隧洞强富水地层注浆技术与实践

黄立维　符　平　邢占清　杨　锋◎著

U0283463

中国建筑工业出版社

图书在版编目（CIP）数据

深埋长隧洞强富水地层注浆技术与实践 / 黄立维等
著. — 北京：中国建筑工业出版社，2022.11
ISBN 978-7-112-28103-9

Ⅰ．①深… Ⅱ．①黄… Ⅲ．①深埋隧道-长大隧道-
地层-灌浆-研究 Ⅳ．①TV554

中国版本图书馆 CIP 数据核字（2022）第 204567 号

本书主要研究目标为形成千米级深埋隧洞涌水量预测、超高压预注浆、高压突涌
水快速处治的成套技术。主要研究内容包括：①研究隧洞地下水分布与运动变化规律，
适合长输水隧洞涌水量和地下水响应规律的预测方法。②对不同浆液特性开展试验研
究，针对不同地层结构灌浆堵漏加固机理，形成数值分析模型。③提出配套施工工艺，
研发 15MPa 超高压关键灌浆设备，形成超高压预注浆成套技术。④研发快速封堵材
料，研究不同材料浆液可控性灌浆工艺、超高压灌浆孔口封闭技术和模袋封闭技术，
形成突涌水快速灌浆处理技术。

本书可供水利工程与岩土工程领域从事设计、监理、施工、检测等技术人员使用，
也可供高等学校相关领域师生参考。

责任编辑：辛海丽
责任校对：张惠雯

深埋长隧洞强富水地层
注浆技术与实践

黄立维 符 平 邢占清 杨 锋◎著

*

中国建筑工业出版社出版、发行(北京海淀三里河路 9 号)

各地新华书店、建筑书店经销

北京鸿文瀚海文化传媒有限公司制版

北京建筑工业印刷厂印刷

*

开本：787 毫米×1092 毫米 1/16 印张：12¾ 字数：318 千字
2022 年 11 月第一版 2022 年 11 月第一次印刷
定价：**50.00** 元
ISBN 978-7-112-28103-9
（40092）

版权所有 翻印必究
如有印装质量问题，可寄本社图书出版中心退换
（邮政编码 100037）

前　言

隧洞在铁路、公路、水利水电等领域具有不可替代的作用，对正在或即将大规模施工的滇中引水、引汉济渭、新疆某调水工程等重大长距离引水工程而言更是必不可少。

长距离深埋隧洞往往穿越复杂的工程地质环境，在工程施工中不可避免地遇到诸如岩爆、涌水、地热等地质灾害。工程经验表明，隧洞涌水最为普遍与严重，且对人员和设备安全构成较大的威胁，不仅增加工程的经济成本，还可能引起大范围的地下水位下降，导致严重的次生地质灾害。国内外均有隧洞涌水造成严重后果的案例，国外如日本地芳隧道、日本东海道干线旧丹拿隧道、日本青函隧道、俄罗斯贝阿铁路北穆隧道，国内如华蓥山隧道、歌乐山隧道等。

国内外对隧洞开挖涌水问题一向非常重视，虽然取得了一定的研究成果，但是针对高压大流量涌水问题，目前仍未形成经济有效的解决措施。在隧洞涌水处理方面，主要采用超前探测的手段进行预报，探测到涌水可能或施工遇到涌水时主要采用水泥类、水泥-水玻璃类浆液进行灌注。国务院南水北调工程建设委员会办公室和中国岩石力学与工程学会曾组织国内外知名专家对深埋长隧洞高压大流量涌水问题进行讨论分析。通过深入的地质勘探，及早发现存在可能涌水的地段，并采取预注浆进行处理是首要的解决方案。但从实例看，由于结构面比较明显，除花岗岩破碎带中的突发涌水事先预测的可能性较大外，其余大多数情况精确预测难度较大或代价较高。施工遇到突发高压涌水时，目前主要的处理方案大致可分为排水法、止水法或二者结合。其中，止水法主要分为堵塞法、灌浆法和冻结法三种，堵塞法适用于完整围岩、围岩强度较高时孔洞涌水或裂缝较少时的裂缝涌水；灌浆法适用于围岩破碎、强度低、涌水点多的涌水；冻结法适用于岩体破碎、富含地下水的地层。对于深埋隧道，一旦出现涌水，通常压力较高、流量大，且出水点较多，排水和堵塞有一定困难，灌浆法是最有效、最快捷的处理方案。隧洞地下水涌水堵漏技术的核心是灌浆材料，目前常用的有水泥基浆液、水泥-水玻璃类浆液和化学浆液，抗冲速凝型材料及配套设备、工艺亟待开发与应用。

"高压水害等不良地质条件下深埋长隧洞施工灾害处治和成套技术研究"课题为"长距离调水工程建设与安全运行集成研究及应用"项目第五课题，深埋长隧洞强富水地层超高压预注浆和高压突涌水快速处理是课题的重要研究内容，这方面的预期成果包括：(1)形成系列灌浆材料，提出配套施工工艺，研发15MPa超高压关键灌浆设备。(2)研发高流速或大压力条件下突涌水快速灌浆处理技术，形成快速封堵设计、施工和效果评价成套技术体系。

本书结合工程需要，在已有研究成果的基础上，对隧洞超前灌浆处理的关键技术开展了研究，从灌浆动态设计，到灌浆新材料研发，并结合数值分析等开展了研究和探讨，取得了一些研究成果，希望能为从事引调水隧洞、交通隧道等类似工程的相关人员，尤其是涉及注浆设计与施工的工程人员提供参考和借鉴。

本书由黄立维、符平、邢占清、杨锋撰写，汪文昭、裴晓龙、刘双梅等参与了部分章节的研究和编写工作。在本书写作过程中还得到了中国水利水电科学研究院邢义川、张金接的大力支持，在此一并表示感谢！

由于作者知识水平有限，书中难免存在一些不当或错误之处，敬请同行和专家批评指正。

目 录

第1章 概述

1.1 引言

深埋长隧洞在克服高山峡谷等地形障碍、缩短空间距离及改善交通工程运行质量等方面具有不可替代的作用，是未来隧洞工程发展的总趋势。国外，长 53.9km 的日本青函海底隧道和长 50.5km 的英法海底隧道相继通车，日本福冈与韩国釜山之间的日韩海底隧道、瑞士戈特哈德铁路隧道、奥地利与意大利之间的布伦纳基线铁路隧道及挪威莱尔多公路隧道等处于论证阶段。国内，长 16.67km 的锦屏二级水电站引水隧洞已经建成，在施工或规划中的引松供水、滇中引水、新疆某调水工程、引汉济渭、南水北调西线等长距离引水工程中深埋长隧洞更是必不可少。

与常规隧洞相比，深埋长隧洞往往穿越复杂的工程地质环境，在开挖施工中不可避免地遇到诸如岩爆、涌水、地热等地质灾害。长期以来，隧洞涌水是国内外地下工程中普遍存在的严重地质灾害之一，尤其是深埋富水区隧道，施工过程中涌水最为普遍与严重，往往对人员与设备安全构成较大的威胁，增加工程的经济成本，还可能引起大范围的地下水位下降，导致严重的次生地质灾害。日本东海道干线旧丹拿隧道遭遇 6 次不同规模的水砂混合物突涌灾害，突涌量达 15 万 m^3/d，造成了巨大的损失，工期延长了 16 年；俄罗斯贝阿铁路北穆隧道也遭遇 4 次规模不等的突涌灾害，突涌量达 2.5 万 m^3/d，损失巨大。我国锦屏二级电站引水洞最大涌水量达 17.28 万 m^3/d，最大水压约为 10MPa；宜万大支坪隧道遭遇大规模突水、突泥 30 多次，最大涌水量达 36.288 万 m^3/d；京广线南岭隧道、大竹林隧道、圆梁山隧道、歌乐山隧道等均出现了严重的涌水事故。

灌浆是解决隧洞涌水问题的首选技术手段，在岩溶、断层、破碎带涌水突泥治理、隧道坍方处理、软弱地层加固等方面取得了较好的效果，在应对复杂地质条件下隧洞开挖施工中发挥了重要的作用，基本形成了如下灌浆处理框架：

（1）遵循"防、排、截、堵结合，因地制宜，综合治理"的原则，《地下工程防水技术规范》GB 50108—2008、《铁路隧道设计规范》TB 10003—2016 等对此作了明确要求。

（2）水压低于 1.5MPa 时，采用"以堵为主"的原则；

（3）水压高于 1.5MPa 时，采用"宜疏不宜堵"的原则泄水降压，降压后封堵。

泄水降压后再封堵方案，让涌水流出洞外，待掌握隧洞掌子面涌水变化及突涌水构造特征后，再研究具体的治水方案，灌浆封堵时的水压远远小于隧洞开挖前的静水压（如锦屏二级水电站辅助洞大涌水揭露之初水压力为 4～5MPa，部分漏水部位最大压力达 10MPa，经涌水自然外流及排水泄压后实际封堵水压约为 2MPa），极大地降低了施工难度，已解决了许多工程难题，但具有以下明显不足：

（1）对周边环境造成影响

泄水降压会引起大范围的地下水位下降，极大地破坏了周边的水环境，严重时可导致次生地质灾害。丽江大坪水电站引水洞开挖渗漏水导致鱼勺罗村的 1 号泉眼干枯，严重影响周围村民的饮水及灌溉，产生了一定的社会矛盾；衡广复线大瑶山隧道施工引排泄水造成地面沉降、地表水位下降，工程建成后时隔 11 年农田仍无法耕种、山顶居民被迫搬迁，对当地自然环境造成严重影响；武广客运专线隧道施工抽排严重破坏了金沙洲区域地下水平衡状态，致使塌陷 19 处、地面沉降 13 处。

随着社会发展，人们对环境保护的意识日益增强，解决隧洞施工与环境协调发展的问题已迫在眉睫，要求以前"泄水降压"的设计策略转变为以"以堵为主、限量排放"为原则。生态环境部明确要求目前正处于建设阶段的滇中引水工程采用"以堵为主"的设计原则，就是要求转变的明确信号。

（2）延误工期、增加投资

对于深埋长隧洞，水源复杂，补给通常较为充沛，泄水降压往往需要较长的时间，延误工期，同时投资成本也要大幅度增加。锦屏二级水电站辅助洞涌水处理耗时数年，增加投资数亿元。

（3）部分隧洞无泄水条件

深埋长隧洞通常穿越高山，为加快施工进度一般采用多标段开挖方案。一些标段可能会采用逆坡开挖方法，泄水不具备自流条件。一些标段的施工通道往往只有陡坡斜井支洞，人员进出与开挖出渣占据了斜井支洞的绝大部分断面，排水管路布设受限；开挖段动辄数公里，长距离排水泵压损失大，一旦进入排水阶段就不具备隧洞开挖条件，往往成为制约整个工程的关键性节点。比如，新疆某调水工程Ⅱ标段支洞坡比 38.64%、断面直径 5.3m，开挖段长 4.4km，抽排水能力仅能达到设计最大预估涌水量的 10%，很难采用大流量泄水措施。

采用限排高压预灌浆方案可克服以上不足，符合环境保护意识日益增强的发展趋势，技术成熟时将会大规模应用。

为此，本书拟采用室内材料工艺试验、理论分析、数值计算结合现场试验的方法，在超高压预注浆成套技术、隧洞施工突涌水快速灌浆处理技术等方面开展系统研究，形成深埋隧洞渗涌水处理关键技术，以期解决实际工程施工系列难题。

1.2　深埋长隧洞工程建设面临的主要挑战

本研究"深埋隧洞强富水地层超高压预注浆和高压突涌水快速处理"为课题"高压水害等不良地质条件下深埋长隧洞施工灾害处治和成套技术研究"的第 3 专题。

专题主要研究目标为：形成千米级深埋隧洞涌水量预测、超高压预注浆、高压突涌水快速处治成套技术；研制 15MPa 超高压关键灌浆设备。

1.3　本书主要内容

本书的主要研究内容为：

（1）研究隧洞地下水分布与运动变化规律，适合长输水隧洞涌水量和地下水响应规律的预测方法。

（2）对不同浆液特性开展研究，提出不同地层结构灌浆堵漏加固机理，形成数值分析模型。

（3）提出配套施工工艺，研发 15MPa 超高压关键灌浆设备，形成超高压预注浆成套技术。

（4）研发快速封堵材料；研究不同材料浆液可控性灌浆工艺，超高压灌浆孔口封闭技术和模袋封闭技术；研究形成突涌水快速灌浆处理技术。

第2章 深埋长隧洞突涌水处理技术发展与工程应用

2.1 深埋长隧洞涌水灾害现象

在水利水电工程，交通工程如公路、铁路等领域中，随着工程建设区域和建设规模的不断扩展，隧洞工程数量增多，尤其在跨海、穿越峡谷河流等工程中，隧洞的作用和优势日益凸显，如受自然气候环境的影响小、占用土地等资源的数量少、运行过程中的安全系数高等。隧洞工程建设数量持续快速地增加，隧洞的直径、长度和埋深越来越大，工程地质和水文条件也越来越复杂。国外，在交通运输、水利水电及城市排污等领域建成近200条长度接近或超过10km的深埋长隧洞，典型工程有：日本大清水隧洞（22.28km，最大埋深1.3km）、法国-意大利勃朗峰隧洞（11.60km，最大埋深2.48km）、美国特克洛特隧洞（12.54km，最大埋深2.287km）、瑞士辛普伦隧洞（19.82km，最大埋深2.2km）等。国内，据不完全统计，铁路隧道方面，已运营的超过1.3万座，在建的0.5万座，已规划的0.5万座，运营最长的山岭隧道是太行山隧道（27.848km），运营最长的水下隧道是狮子洋隧道（10.8km），在建最长的隧道为高黎贡山隧道（34.538km）；公路隧道方面，已运营的1.2万座，总长10多万千米，运营最长的为秦岭终南山隧道（18.02km）；水工隧洞方面，已经建成处于运行期的水利水电工程隧洞总长超过10000km，处于建设期的引调水工程隧洞超过1000km，完成规划等待上马的引调水工程隧洞将超过10000km，目前在建的具有代表性的引水隧洞有：引汉济渭工程秦岭特长输水隧洞（98.3km）、引红济石工程隧洞（19.76km）、引洮工程隧洞（96.35km）、引大济湟工程隧洞（24.17km）、辽西北供水工程隧洞（230km）、吉林中部引松供水工程隧洞（134.63km）、新疆某调水工程等（41.8km）。

深埋长隧洞在错综复杂的水文和地质环境中穿越，施工中，高地应力、高地热、突水突泥等问题层出不穷。长期以来，突涌水问题是各种隧洞工程中最常发生的灾害，并且其破坏影响力巨大，特别是在目前隧洞建设中经常穿越含水丰富的地区，在隧洞开挖掘进施工的过程中，突涌水事故和灾害发生的频次相当高，影响范围广，不但造成施工机械的破坏和损失，工程成本升高，还给现场施工和管理人员的生命安全带来巨大威胁。突涌水事故的发生也造成水资源浪费，破坏地下水环境，严重时还会引起相应的次生灾害。

坪林高速是修建在我国台湾的一条高速公路，其中隧道工程采用了TBM工法施工，TBM工法易受涌水的影响，在洞口处，仅因约为 $0.2\text{m}^3/\text{s}$ 的涌水问题不得不采用了旁通洞的方案，才得以继续施工，后来涌水不断增大，也给TBM工法施工带来更多更复杂的麻烦。隧洞突涌水的发生，不仅给工程带来施工上的难度，更重要的是严重地拖延施工工期，如大瑶山铁路隧道施工中遇到大于 $1.0\text{m}^3/\text{s}$ 的突涌水，延长了施工工期近6个月；圆梁山隧道在渝怀铁路线上，在施工过程中遇突水突泥，导致严重的工期滞后，停工就约有 8 个月之久。

综上所述，在隧洞工程的施工中如遇涌水问题，常常给工程正常进行带来各种各样的影响，不仅增加了工程成本，延误工期，还造成恶劣的社会影响。

随着隧洞工程的不断开发建设，突涌水等问题日益突出，虽然对涌水的超前预处理和快速处治方面的研究一直在进行，但在施工过程中常常是采用"头痛医头，脚痛医脚"的处理方式，缺乏系统的、针对性的处理方案，由此造成了人、财、物的损失和时间的大量浪费。表 2.1-1 整理了国内部分发生涌水的隧洞工程案例。

国内部分发生涌水的隧洞工程实例　　　　　　　　　　　　　　表 2.1-1

隧洞名称	区域	长度(m)	类型	涌水量(m³/h)	备注
大伙房输水工程引水隧道	辽宁	85320	输水	100	拖延工期
雪峰山隧道	雪峰山	17842	铁路	4700	
锦屏二级水电站引水隧洞	四川省	16700	引水	7200	
引额济乌工程顶山隧洞	新疆阿勒泰	15351	输水	900	
引汉济渭秦岭输水隧洞	秦岭	98300	输水	1700	
野三关隧道	湖北巴东	13838	铁路	100000	
大瑶山隧道	南岭	14295	铁路	340	
中天山隧道	天山	22467	铁路	210	
青云山隧道	戴云山	22175	铁路	2200	
隔河岩导流隧洞	贵州	—	输水	6000	
新永春铁路隧道	台湾	4400	铁路	4068	延误工期
龙洞水工隧洞	台湾	800	输水	4860	被迫改线
圆梁山铁路隧道	重庆	11100	铁路	4392	一度停工
东风导流隧洞	贵州	—	输水	4320	
大巴山铁路隧道	四川	—	铁路	12312	
娄山关铁路隧道	贵州	—	铁路	11520	
南岭铁路隧道	广东	5600	铁路	9000	
天生桥二级引水隧洞	广西	—	输水	7200	
岩脚寨隧道	贵州	10000	公路	6048	
隔河岩导流隧洞	湖北	—	输水	6012	

2.2　常用隧洞涌水处理措施及其局限性

从 20 世纪 70 年代开始，工程界就针对隧洞工程的涌水问题开展了广泛的研究和探讨，经过多年的经验总结和工程积累，有两种典型的处理方法得以快速发展，一种为排水法，另一种为堵水法。

排水法是在施工过程中降低隧洞影响区域内的地下水位，由此降低掌子面及隧洞围岩的涌水压力，进而改变围岩性质和结构特征，快速地完成隧洞开挖掘进等工作，此方案可以有效地缩短涌水处理工期、降低处理费用等，常用的处理措施主要包括钻孔排水、导坑排水、井点排水、深井降水等。

堵水法主要包括人工冻结法、压气法和灌浆法等。人工冻结法是采用昂贵的制冷设备，对富水地层进行人工降温、冷冻，使涌水不外露，配合掘进快速完成，但其本身的施工周期很长，操作复杂，投资巨大。在深埋长隧洞工程中，压气法所受限制越来越多，适用范围很窄，如该法要与盾构工法施工一同使用、不适用于超过 0.3MPa 的涌水问题处理等。灌浆法是隧洞工程施工中处理涌水、防渗堵漏、围岩固结等最经济高效的施工手段，可以有效地封堵水害、加固围岩，为隧洞掘进施工提供有力的保障，特别适用于水下隧洞、高水压地区及含水的断层破碎带等。

为克服深埋长隧洞工程中的涌水处理难题，需要根据深埋长隧洞灌浆处理施工中的地质、地形、围岩、突涌水以及施工环境等特点，综合考虑环境保护、水资源保护、施工工期等方面的因素，有针对性地提出灌浆涌水处理方案和动态调整设计的新思路新理念：采用"限量排放、限时封堵"的双限设计思路，根据超前地质探测结果，对储水压力、水量及洞身岩性进行综合分析，结合涌水量和地下水响应预测分析，制定不同的预灌浆处理方案；将前期灌浆孔作为检查孔，根据钻孔出渣、钻进速度变化、出水压力等信息及灌浆压力和注入率时程曲线，及时对掌子面前方短距离内围岩透水性、可灌性进行判定，形成重点灌注区域孔位布置优化调整的动态设计方法；根据洞段的涌水压力、涌水流量、动水流速等特征，依据灌浆动态设计理念，快速制定涌水处治的针对性施工方案。以"限量排放、限时封堵"的双限设计、涌水预测和及时反馈以及快速针对处理策略为特征的涌水防渗灌浆动态设计，可在保证岩溶、断层、破碎带等涌水治理效果和隧洞开挖的同时，大幅度减少工程量、材料消耗和节省施工工期，并可有效地减少地下水流失、地下水位下降和其所引起的次生民生和环境破坏问题，具有显著的社会意义和经济效益。

深埋长隧洞的涌水防渗灌浆动态设计主要包括以下关键技术：

（1）深埋长隧洞掌子面前的涌水量预测和地质预报；

（2）深埋长隧洞掌子面的超前灌浆动态设计；

（3）深埋长隧洞洞段涌水的快速封堵和处治技术。

2.3 国内外研究进展

2.3.1 国外研究进展

长期以来，隧洞涌水是国内外地下工程中普遍存在的较为严重的地质灾害之一，尤其是深埋富水区，基本上每条隧洞在设计与施工中都会遇到该类问题。经调研，国外从事相关研究的机构主要包括：

（1）日本长崎大学，在涌水量预测方面做了大量研究工作，提出了简便的隧道涌水量计算方法和非稳定流计算方法，并将相关成果应用于北陆隧道；

（2）日本综合防水株式会社，在防渗及地基加固施工方面做了大量研究工作，成果主要集中于灌浆施工设备及工艺方面，并将相关成果应用于东南亚和中国香港等地承包灌浆工程中；

（3）美国西北大学，主要开展灌浆材料方面的研究，浆液扩散机理、化学灌浆材料应用较广。

隧洞涌水量预测研究主要集中在涌水的成因机理及变化规律、涌水量的预测与快速处治等方面，前者可为工程师提供涌水成因和变化规律，在清晰地认识此类问题的基础上，可以提出高效的涌水预防与处理的思路和方案，进而指导工程设计与施工；后者采用数值模拟、现场监测数据的分析和处理等多种手段，获得越来越精确的涌水量的预测结果，进而提出涌水预防和快速处治的方案，进一步优化灌浆处理的设计，为提出针对性的涌水处理的灌浆材料及灌浆工艺提供依据和支撑。众多资料和工程实践显示，涌水产生的原因复杂多样，如富水的断裂带、含水溶洞及地下暗河等都有可能成为涌水的诱因。起初，在采矿领域，巷道常会遇到涌水的问题，因此，针对该方面的涌水问题的研究成果相对成熟；针对岩溶隧洞的涌水问题的研究则是隧洞涌水处理的主要方向和内容，而对于深埋长距离隧洞等复杂地质情况的涌水灾害的研究成果较少。

在隧洞工程施工过程中，涌水量预测经常与超前地质预报一起作为隧洞掘进过程中采用排水方案还是堵水方案处理的重要设计依据，经过数十年的研究，尤其是近十年来，随着隧洞工程的快速建设和隧洞相关工程技术的不断发展，对涌水量预测方面的研究更加深入和广泛，结合计算机模拟计算能力和监测精度的提高，预测的精准度也获得了较大的改善，但仍存在一定的缺陷与不足。

通过专业理论计算公式进行隧洞的涌水量预测，研究人员及工程师在此基础上又不断地对公式进行修正和优化，逐渐获得更为准确的预测方法。目前可以选择的预测方法分类如表 2.3-1 所示。

涌水量预测方法

表 2.3-1

序号	分类	主要方式
1	近似方法	涌水量曲线方程的外推、水文地质类比法
2	理论方法	水均衡法、地下水动力学法等
3	随机数学方法	灰色数学理论、多元回归统计、模糊数学、神经网络等
4	其他方法	非线性理论方法、数值方法等

造成隧洞涌水事故的常见地质条件有复杂多变的不良地质构造和含有充分水源补给的大型通道。起初，成熟的采矿底板涌水理论研究主要集中在巷道涌水机理的研究。近年来，随着隧洞工程的发展，复杂地质情况越来越多，其中由断层引起的隧洞涌水地质灾害频繁发生，但针对由断层造成的隧洞涌水地质灾害的研究仍然不多。因此，研究隧洞工程的涌水量预测和地下水响应方法，可为深埋长隧洞涌水的灌浆处理提供有力的设计依据和参考。

随着富水区长距离、大埋深山岭隧洞等高难度隧洞工程的建设，工程地质勘察的准确性和系统性成了指导隧洞工程设计和施工的重要依据。目前获得掌子面前方详细的地质情况的最直接手段是开挖超前导洞或进行超前钻探，随着工程检测、监测技术的快速发展，在大量的隧洞工程施工中，采用了地球物理超前探测技术，根据工作原理，可将其分为地震发射类、电磁类、直流电法类等无损检测方法。钻爆法和 TBM 法是隧洞施工的主要方式，由于探测环境的巨大差别，直接影响了二者超前地质预报的方法。对于钻爆法施工，隧洞的超前地质预报技术直接针对探查目标，目前成熟的预报技术详见表 2.3-2。

成熟的超前地质预报方法　　　　　　　　　　　　　　表 2.3-2

序号	类别	具体形式
1	超前钻探类	超前导坑、探洞、超前钻探等
2	地震反射类	隧道负视速度法、隧道地震预报(TSP)、隧道反射成像(TRT)、极小偏移距地震波法等
3	电磁类	地质雷达、隧道瞬变电磁等
4	直流电法类	激发极化法、电阻率法等
5	其他方法	核磁共振法、红外探水法、温度探测法等

每类探测手段的原理不同，探测方法也存在差异，主要是以大地介质的某一性质（如弹性性质、导电性质、导热性质等）差异为物理基础的，由此每类探测技术的适用范围各不相同、直接决定其敏感特性，并且不同工况条件下各具优缺点。

在国外，TBM 法已成为隧洞工程施工的主导方法，已经在日本、欧美等地区广泛应用。在我国，TBM 法也逐步成为隧洞工程的优选方案，相对于钻爆法，TBM 法施工的隧洞环境复杂，TBM 装置占据大部分作业空间，金属材料对电磁波场干扰很大，致使在钻爆法施工上成熟的超前地质预报技术不适用于 TBM 施工的环境。日本石井政次对隧洞涌水与地质构造关系进行了研究，日本学者高桥彦治提出了简便的隧道涌水量计算方法，伊腾洋、佐腾邦明等利用室内渗流槽对水下隧道的涌水量预测进行了模拟试验，另一位日本学者基于模拟试验提出了隧道涌水量预测的非稳定流方法；V. I. ARVIN 和 S. N. NUMEROV 基于模拟试验结果提出用复数速度势理论计算水底条形渗渠的涌水量。总的来看，国外涌水量的预测方法可分为以经验或统计资料为基础的预测方法、以水力学公式为基础的预测方法和依据水的汇入排出模拟建立的预测方法等几大类，均需要以详细的水文地质资料为基础，千米级埋深长距离隧洞渗透系数等关键参数较难获取，大部分方法计算得到的结果与实际情况出入甚大。

在隧洞涌水处理方面，国外正在将如何解决高压涌水问题作为 1000m 以下的洞室群施工主要安全对策开展研究，主要采用超前探测的手段进行预报，探测到涌水可能或施工遇到涌水时主要采用水泥类、水泥-水玻璃类浆液进行灌注。高压大流量涌水处理也是公认待解决的难题之一。例如，日本地芳隧道通过钻探发现最大水压为 2.65MPa，由于高水压引起隧洞施工掌子面崩塌和土砂流出，不得已中断施工，并采用了修改设计、重新布置排水绕行支道、确定主洞止水范围的方案，处理时采用了专用高耐久性水泥浆液材料，灌浆压力为 5.0MPa（涌水压力的 2.5 倍），控制标准为 0.4Lu；日本青函隧道采用了钻探技术正确预测海底水文地质情况，依靠注入水泥-水玻璃浆液并结合喷混凝土的手段对开挖内径 3~5 倍的范围土体进行了处理，对围岩稳定作用显著；美国赫尔姆斯抽水蓄能电站在尾水交通洞和压力管道交通洞开挖时，从隧洞剪切带渗出的地下水成为绕过隧洞混凝土堵头的高压隧洞的渗水通道，采用水灰比 1:1 的超细水泥浆液进行了分期灌浆，灌浆压力为 5MPa，处理范围约为隧洞直径的 1.5 倍。

2.3.2　国内研究进展

在国内，歌乐山隧道 DK2+619 实测水量达 $10m^3/min$，最大水压约为 1.6MPa，喷射距离超过 20m；南京地铁涌水事故半个小时后基坑外侧路面塌陷 2m 多深，外侧形成 $20m×10m$ 的大坑，内侧涌入大量泥砂和水；宜万大支坪隧道遭遇大规模突水、突泥 30 多次，最大涌水量达 $252m^3/min$；此外，京广线南岭隧道、大竹林隧道、圆梁山隧道等均出现了严重的涌水事故。为此，许多学者对隧洞涌水进行了较多的分析研究。

在隧洞涌水量预测方面，隧洞施工过程中遭遇涌水，除了可能危及施工安全、造成经济财产的损失，还将给运行期的隧洞留下安全隐患，造成严重的次生地质灾害或严重的地下水环境影响。目前，我国长距离深埋隧洞及大型地下工程的规模和难度不断突破，均位于世界前列，正面临严峻的涌水突水等地质灾害的挑战。由于人们对涌水机理的认识程度浅，有效的预测预报方法缺乏，并且在隧洞开挖施工中多以排水为主，不注意水资源的保护，缺乏经济高效的超前处理和快速处治的措施，致使隧洞涌水事故难以遏制。随着当今社会对工程安全、环境保护等方面的重视不断加深，人们逐渐认识到应做好隧洞工程的水资源和水环境的保护，确保生态环境的良性发展，将高效的灌浆施工设计、可持续开发和绿色施工理念进行有机地组合，以解决隧洞等地下工程涌水预防和快速处治的关键技术问题。在国内，预测方法可以分为工程类比法、理论计算法与数值分析法三种。工程类比法主要包括 Q-S 曲线法和水文地质法；理论计算法主要有地下水动力学法、水均衡法、随机数学方法以及非线性理论方法等；数值分析法主要分为有限元法和有限差分法。但是，国内外大量隧洞及矿井涌水研究表明，隧洞尤其是深埋隧洞涌水量预测方法还不够成熟，总体情况是预测值与实测值误差超过 30% 的占 60%，且多数精确数学预测方法都需用经验参数加以修正；预测的可能最大涌水量，接近实际情况的仅占 10%，而预测的正常涌水量接近实际情况的仅占 20%～30%。

在隧洞涌水处理方面，隧洞超前预灌浆和洞段涌水的快速封堵的核心是灌浆材料，合适的灌浆材料往往会取得事半功倍的效果，因此在隧洞工程超前预灌浆动态设计和洞段涌水的快速封堵技术的研究中，灌浆材料的研发是重要的研究内容。经过几十年的技术积累，目前成熟的灌浆材料主要有无机的水泥基材料和有机的高分子材料，广泛应用于不同开度、不同流速、不同压力的各种灌浆工程中。对灌浆材料的选择主要是需要适应灌浆地层和工况的特点，对于可灌性差地层，可用的灌浆材料有（超）细水泥灌浆、化学灌浆（聚氨酯材料、环氧树脂等）；对于大孔（裂）隙灌浆和涌水快速处治，可采用水泥-水玻璃浆液、水泥砂浆（水泥黏土砂浆）、普通膏浆、热沥青浆液和级配料灌注及模袋灌浆等。

1）纯水泥浆

纯水泥浆是最为常用的灌浆材料，一般采用水泥与水按照不同的水灰比进行搅拌而获得灌浆浆液，广泛应用于帷幕灌浆、固结灌浆等施工中。

2）（超）细水泥灌浆

超细水泥可以渗透到微细裂隙，超细水泥实际上就是普通水泥的深加工产物，通过对普通水泥进行颗粒粉磨处理，获得更细的水泥颗粒，即为单位表面积更大的超细水泥灌浆材料，目前常用的粉磨技术有干磨加工和湿磨加工两类，超细水泥已经在我国众多工程中应用，一般用于处理普通水泥无法灌入的细微裂隙中，如表 2.3-3 所示。

普通水泥与超细水泥物理性质比较　　　　　　　　表 2. 3-3

类别	平均粒径(μm)	最大粒径(μm)	表面积(m²/kg)	备注
普通水泥	15~20	44~100	260~400	适灌 0.2mm
超细水泥	4~10	10~30	800~1600	适灌 0.05mm

超细水泥的颗粒粒径小，活性相对高，制浆时需要采用高速搅拌机，使超细水泥浆液充分搅拌，不至于结成水泥块或者析水，充分发挥超细水泥的特性，保证其扩散过程中可灌性不受影响，保持浆液稳定性。但是超细水泥浆液流变性能较差，抗侵蚀能力弱，严重妨碍了它的应用与发展，主要用于水坝、地基、油井等大型工程的基础微细裂缝的防渗加固处理中。

3）化学灌浆

化学灌浆是将具有一定凝胶能力、可以固结粉细砂层、充填微细裂隙等空间的真溶液灌入待修补加固区域的施工方法。化学灌浆材料黏度好，比水稍高，可灌性好，适用于泥岩、板岩等软岩变形控制、夹泥夹砂和粉细砂的防渗加固处理，目前常用的化学灌浆材料有聚氨酯和环氧树脂。

（1）聚氨酯

聚氨酯灌浆材料可分为水溶性和油溶性两大类，均可用于防水堵漏、地基加固。通常油溶性聚氨酯灌浆材料固结体强度大、抗渗性好，但可灌性相对差一些，适合隧洞的灌浆加固处理和堵漏工程；而水溶性聚氨酯灌浆材料多用于防水防渗施工中。聚氨酯材料造价昂贵，存在一定环境污染问题，宜谨慎使用。

（2）环氧树脂

环氧树脂灌浆材料是目前使用最广泛的补强灌浆材料，具有粘结力高、在常温下可以固化、固化后收缩小、机械强度高等优点，同时耐热性和稳定性高。环氧树脂灌浆材料一般有 A、B 两组组分（A 组分为环氧树脂和稀释剂，B 组分一般为固化体系）。在隧洞工程的灌浆施工中，具有很好的可操作性，工艺相对简单，且渗透性能好，固结体强度高，可广泛应用于深埋长隧洞的泥岩和板岩等软岩变形控制、夹泥夹砂和粉细砂的加固处理中，但同样价格昂贵，并存在一定的环境影响。

4）双液灌浆技术

水泥-水玻璃浆液是目前应用最为广泛的一种速凝性灌浆材料，多用于进行动水快速封堵的工程中。水泥-水玻璃浆液属于无机类灌浆材料，材料容易获得，价格相对低廉，又不会造成环境污染。水泥-水玻璃灌浆材料使用时通常分孔口混合、孔底混合两种灌浆方式。采用孔口混合方式时，混合液在灌浆压力的作用下在灌浆管路和灌浆孔中扩散，经常容易发生孔内凝固，达不到预期的浆液扩散范围；采用孔底混合方式时，在高灌浆压力作用下，双液浆的混合效果无法保障浆液混合充分，整体的浆液固结效果也无法保证。有研究表明，一般认为水泥-水玻璃结石体的耐久性存在一定的问题，很少用于永久性加固工程。

水泥-丙烯酸盐灌浆是另一种双液灌浆施工方法，二者互溶性非常好，同样也具有快速凝结的特性，多用于堵漏灌浆施工中。与水泥-水玻璃浆液一样，其凝结时间除了受浆液比例影响外，还受浆液的搅拌、混合速度和环境的温度、水流速度等多种因素的影响，灌浆施工工艺较为复杂，对操作人员技术水平要求高。

5) 水泥砂浆（水泥黏土砂浆）

为适应不同灌浆施工工况的要求，为了提高灌浆的针对性，可以在水泥浆中加入砂或者黏土等材料，改善纯水泥浆材料的一些性能，同时降低浆液成本。水泥砂浆常用于溶洞、溶腔等对结石强度要求高的灌浆施工中，采用水泥砂浆灌注，浆液结石体强度高、固结效果好。水泥黏土浆多用于帷幕灌浆中，进行防渗处理，加入黏土的水泥浆不但成本显著降低，同时浆液的稳定性和抗渗性等得到显著提高，也可用于对结石强度要求不高的充填灌浆中。二者都是无机水泥基灌浆材料的重要组成部分。

6) 膏浆

随着灌浆工况的增多，在一些堵水施工中，膏浆材料以其特有的性能得到了广泛的应用，最早是由中国水利水电科学研究院杨晓东等提出并应用于大坝的堵漏灌浆。顾名思义，膏浆以其外表形态类似于牙膏一样黏稠而得名，是在水泥浆中加入了黏土、膨润土或者其他外加剂等材料进行混合搅拌，获得具有一定抗冲释性能和自堆积特性的灌浆材料。

7) 热沥青

热沥青是一种有机材料混合物，其具有加热升温后获得良好的流动性，遇水冷却后丧失流动性的特点，常用于堵漏灌浆中，对于处理大通道的封堵尤其是带有一定流速的动水条件下的堵漏灌浆，具有非常好的适应性。但是在施工作业中需要将其加热到很高的温度，一般为120～150℃，致使该材料的灌浆工艺非常复杂，需要全程进行保温、高温处理，包含"制浆＋搅拌＋泵送"等全过程，并且高温也极易给施工人员带来安全风险，因此除了在少数工程如公伯峡、李家峡水电站等项目使用外，一直无法得到广泛的应用。

8) 级配料灌浆

水泥中加入黏土、砂石料、外加剂等按照一定配比进行配置而形成级配料，其中砂石料可以根据地层裂隙的大小分为不同的组进行选择。级配料灌浆常应用于岩溶、大空隙地层等灌浆量巨大的工程中，其材料获得容易，造价低，工艺复杂，常作为综合堵漏灌浆处理方案的一部分来应用。

9) 模袋灌浆

模袋的主要原材料是具有透水不透浆特点的土工布。模袋灌浆是根据岩溶、大空隙的规模和尺寸，制作成不同形状和尺寸的模袋，在模袋中灌注稀水泥浆，通过透水固结不断使模袋撑开而占据漏水通道或充填溶腔，最终将通道分割或填满，再采用水泥灌浆进行加固处理的灌浆施工，多用在大漏量、高动水流速的溶洞或裂隙的堵漏工程，现今更多用于灌浆孔口管的埋设，具有快速便捷，成本低的特点。

灌浆材料是灌浆技术的核心，所以行业内针对灌浆材料的研发一直没有停止，隧洞灌浆工程中使用的灌浆材料主要有水泥浆液、水泥-水玻璃浆液等常规的材料，可解决隧洞灌浆的大部分问题；但针对不同的灌浆对象，不同的处理目的，需要不断地开展新型灌浆材料和对应灌浆工艺的研发，目前常遇到的问题主要有可灌性差的地层如泥岩板岩、夹泥夹粉细沙等"灌不进"问题和存在高压、高速动水条件下"灌不住"的问题。

结合工程实际，根据隧洞超前预灌浆和洞段涌水的快速封堵技术的特点与要求，有针对性地研发灌浆材料和相适应的灌浆工艺，解决灌浆施工中的"灌不进"和"灌不住"难题，具有重要的经济效益和社会价值。

2.4 本书已有工作基础

作者研究团队具备多年相关领域研究经验，以及完备的灌浆研究试验设备和试验条件。在灌浆材料上研究出了超细干磨、湿磨水泥、稳定浆液、膏状浆液、沥青浆液等无机材料和丙烯酸盐、硅酸盐、环氧树脂、聚氨酯等有机化学材料；在灌浆工艺上，先后研究了化灌理论和工艺、联合灌浆工艺、劈裂灌浆工艺、套阀花管工艺、膏状浆液灌注工艺、后灌浆桩施工工艺等，并将这些成果应用于工程实践。

本书是在原有科研成果的基础上，针对目前亟待解决的问题再进行深入、系统研究，主要拟对膏状浆液、沥青浆液等材料进行改性发展，并形成相关工艺方法，开展关键施工设备研发。

第3章 长大隧洞涌水量和地下水响应规律预测方法

当隧洞工程穿越富水区域的复杂地质条件（如破碎带、岩溶等）时，设计和施工过程中遇到涌水问题是大概率事件。进行超前预灌浆施工是处理涌水的有效手段，开挖过程中隧洞涌水量和地下水响应规律是隧洞灌浆动态设计的重要依据。

3.1 隧洞地下水分布与运动变化规律

3.1.1 隧洞涌水来源与识别

隧洞地下水的主要来源有：地表水体、老窑积水或古矿洞水、溶洞或暗河水、断层水、含水层水，其中前三者是对隧洞施工威胁最大的水源，是隧洞涌水的主要来源。

1）地表水

地表水与隧洞距离越近（垂直距离）影响越大，若岩层为渗透条件良好的松散沉积物或具有断层及溶洞等通道，它将对隧道（洞）的施工造成极大的威胁；若隧洞上覆岩层透水性差，而且在没有断裂破碎的情况下，隧洞埋深大于洞高 50 倍，地表水体的影响则很小。

2）老窑积水或古矿洞积水

老窑积水或古矿洞积水类似一个地下水库，一旦隧洞掌子面与老窑或古矿洞之间的岩石强度小于静水压强，大量的积水就会冲破岩石，涌向隧洞，造成严重的涌水事故；同时部分古矿洞积水的酸度特别大，有很强的腐蚀性，涌水以后会对施工设备造成严重的损害。

3）溶洞或暗河水

溶洞水特别是暗河水，水量常常很大，暗河水有源源不断的补给，一旦隧洞开挖爆破作业揭露这些水源体或开挖掌子面距离这些水源体太近，静水压力超过岩体的强度时，地下水将直涌或突破岩体涌入隧道或隧洞，形成强涌水。

4）断层水

断层水即断层裂隙水，是隧道或隧洞施工中常见的地下水来源，断层破碎带常常成为地下水的良好通道和贮存场所；总体来说，断层水本身净储量不大，但是当断层破碎带作为通道与地表水体、溶洞暗河水或高压强含水层连通时，就具有水量集中、涌水量大的特点。

上述四类水源均可能诱发涌水事故，进而降低围岩稳定性、影响隧洞正常施工，因此根据隧洞不同的涌水问题，选用适合、有效的堵水处理措施非常重要。但是在实际工程中，因为水源组成和地质构造的双重复杂性，大多数治理措施的针对性很差，不能实现快速处治，难以取得满意的效果。因此，对隧洞涌水来源进行识别，有助于了解隧洞涌水机理，判断涌水量，为制定高效、经济的处治方案提供理论依据和数据支撑，水源识别是隧洞涌水预测的前提和水害防治的基础。

目前，涌水来源的识别方法多种多样，常采用地下水化学、同位素、水温等方法，由于这些方法多是基于经验的定性判断，结果常常受操作者的主观认知、技术水平等影响。由于涌水量预测及地下水响应规律的复杂性，采用常规的基于水体物理、化学特征的定性判断，不足以为涌水处理提供有效的支撑。由此，国内外学者采用神经网络技术、灰色系统理论、数量化理论等数理统计方法对隧洞的涌水来源识别进行了广泛的研究和探讨，获得了比较明显的效果。

3.1.2 隧洞涌水产生原因

地下水对围岩（主要是软弱围岩）的溶解、溶蚀、冲刷、软化等，或产生静水压力，或引起膨胀压力等，改变了岩石（体）的物理力学性质，破坏了岩体的完整性，降低了岩石（体）的强度，从而引起围岩的变形破坏，失稳塌方以及由地下水引起隧道涌水。

在地下水冲刷或进入细微裂隙时，软岩岩体呈不稳定的状态，易产生塑性变形或崩解，引起隧洞涌水；含膨胀性矿物的膨胀岩或岩盐，在遇到地下水时，产生吸水膨胀现象，含水越多，围岩产生膨胀越严重，从而使围岩压力增大，易产生隧洞涌水；地下水活动将较弱结构面中的物质软化或泥化，使结构面的抗剪强度降低，摩阻力和黏聚力减小，易产生隧洞涌水。

隧洞涌水产生的根本原因为自然及人为施工过程导致静水压力大于岩体粘结力，岩体受力失衡。

涌水按照涌水量可分为四类：
(1) 小涌水，小于$100m^3/d$；
(2) 中涌水，$100\sim1000m^3/d$；
(3) 大涌水，$1000\sim10000m^3/d$；
(4) 特大涌水，大于$10000m^3/d$。

3.1.3 隧洞涌水危害

长期以来，隧洞涌水是地下工程中普遍存在的较为严重的地质灾害之一。尤其是深埋富水区，基本上每条隧洞在设计与施工中都会遇到涌水问题，而有的隧洞可能出现多处大量的突涌水，从而成为设计与施工的瓶颈问题。国内外许多学者对隧洞涌水危害进行了分析研究，使得对隧洞涌水的认识水平不断提高。

我国水砂混合物突涌灾害造成的地下工程的损失巨大，据不完全统计，仅铁路系统2004年以前建成的隧道中80%在施工中遇到过不同形式、规模的水砂混合物突涌灾害，总突涌量在$10000m^3/d$以上者达到71座，占竣工隧道总数的30%左右。华鉴山地区1998年4、5月份连续暴雨，致使华蓥山隧道遭受突涌水灾害，最大涌水量为$143.3m^3/min$，共计发生特大突涌水20余次。

隧洞涌水事故对隧洞施工与运营造成了极大的危害。在施工阶段，隧洞涌水往往造成延误工期、增大工程建设成本、绕线避让，甚至出现人员伤亡事故以及设备损坏；在运营阶段出现隧洞涌水往往具有突发性，产生严重的经济损失与社会影响。同时，隧洞大量排出地下水对于地下水资源也是一种破坏。

隧道涌水对施工的具体不良影响有：

（1）工作面岩体崩溃，掩埋隧道，作业危险；

（2）隧洞积水，设备被水淹没；

（3）隧洞被泥砂淤积、被泥石流淹没；

（4）隧洞支护削弱；

（5）地表水干涸、地表塌陷。

3.1.4　隧洞涌水机制

涌水造成水害的类型主要有力学作用、物理作用及化学作用三种。地下水对围岩（主要是软弱围岩）的作用主要有溶解、溶蚀、冲刷、软化等，或产生静水压力，或引起膨胀压力等，改变岩石（体）的物理力学特性，降低岩石（体）的强度，破坏岩体的完整性和稳定性，进而造成围岩的变形破坏、失稳塌方或引起隧洞涌水。当软岩经地下水冲刷或充满细微裂隙，致使围岩不稳定，极有可能产生塑性变形或崩解，引发隧洞涌水；对于含有膨胀性矿物的围岩体，当有地下水接触时，将会造成围岩吸水膨胀，岩体含水越多，围岩的膨胀就越严重，致使围岩压力增大，造成围岩变形严重；随着地下水的活动，使围岩中的较弱结构面中的物质软化或泥化，结构面抗剪强度不断降低，摩阻力和黏聚力也随之减小，易引发隧洞涌水。

综上所述，随着自然和人为施工的影响，改变了围岩原有的完整性和稳定性，或静水压力大于岩体粘结力，或岩体受力失衡，或形成水源稳定的渗漏通道等因素，导致隧洞产生突涌水。

隧洞涌水按照涌水量分为四类，如表 3.1-1 所示。

隧洞涌水量分类　　　　　　　　　　　　　　　　　　　　　表 3.1-1

涌水类型	涌水量（m^3/d）
小涌水	<100
中涌水	$100\sim1000$
大涌水	$1000\sim10000$
特大涌水	>10000

根据隧洞工程突涌水灾害的特征和深埋长、大隧洞的水力学条件进行分析，主要有以下几种类型的涌水：

（1）水力劈裂型涌水

在隧洞工程上，当掘进开挖前，地下岩体与地下水处于相对平衡状态，随着洞体的开挖，打破了岩体与地下水的平衡状态，破坏了原来的"补给-径流-排泄"系统的平衡，受静水压力和动水压力的作用，致使排泄通道发生改变、加剧地下水对岩体的改造等。一般来说，对于深埋长、大隧洞，其水头压力可能非常高。对于存在较多裂隙或破碎带的地层或围岩，在高静水压力的作用下，极易造成水力劈裂现象，改变了裂隙的开度和长度，形

15

成贯穿的透水通道。随着隧洞掘进开挖的进行，地下水或其他来水沿着由水力劈裂作用形成的通道发生涌水事故。

（2）直接型涌水

与水力劈裂型涌水相比，直接型涌水发生的频次也很高，其不同之处在于岩体中原来即存在裂隙、溶隙、溶孔及小型的岩溶管道，水源通过此通道直接从裂隙中涌出，并未造成裂隙的进一步扩展。直接型涌水初现时多表现为面状渗水，常被忽略，未进行及时的处理，当掘进开挖工作继续进行，洞内的涌水逐渐汇集，形成较大的涌水量而影响工程进度和安全。分析该类涌水形成的机理可知，一般涌水的补给有限，随着时间的流逝，涌水量很快降低，水质也逐渐变得清澈，单点涌水量不大，故此类涌水的可控性较高。

（3）冲溃型涌水

该类涌水的主要特点是涌水发生很突然，经常会伴有较大的涌水量，因此会给隧洞工程的施工带来较大的危害。冲溃型涌水的涌水量到达最高点之后便会减少，持续时间短。形成冲溃型涌水的原因是在地层或围岩中存在被充填物充满的孔（裂）隙、岩溶裂隙等涌水通道，而充填物一般未胶结或者胶结不密实、稳定性差，在水流的不断冲击淘刷后被携带而出，致使通道畅通而形成涌水。

（4）穿越阻水断层涌水

顾名思义，当隧洞开挖掘进过程中，穿越富水的阻水断层时，在断层两侧的水头压力的作用下形成大量的涌水外露，该涌水发生时一般伴有突泥突砂等事故。穿越阻水断层的涌水具有很强的可预见性，通过分析该区域内水文地质勘查和超前地质预报等资料，可提前采用有效措施避免涌水事故的发生。

（5）底板破坏型

该涌水现象常发生在矿山巷道中，随着承压水击穿巷道地板而形成涌水。

3.2 涌水量和地下水响应规律预测方法研究

隧道涌水量不仅与衬砌水压力相关，而且关系到隧道防排水设计、生态环境要求等，因此隧道涌水量预测方法一直是国内外学者研究的热点问题之一。隧道涌水量的预测方法分为理论解析法、经验公式法、数值法、工程类比法及模糊数学法等。以这些方法为基础，国内外学者总结并提出多种隧道涌水量预测解析公式或经验方法，这些公式或方法各有特点，且有一定的适用条件。朱大力在编制《铁路工程水文地质勘察规范》TB 10049—1996 中，总结了 9 种比较适合我国情况的隧道涌水量预测方法。王建秀结合工程实例分别采用正演和反演方法计算了隧道涌水量，提出在施工前的预设计阶段应采用正演的方法预测涌水量，而在隧道施工后的动态设计阶段，则应根据监测反馈数据，采用反演的方法分析和预测隧道的涌水量及其变化趋势，修正预设计方案。王媛基于三维各向异性的岩体介质渗透张量空间随机场，利用局部平均法对随机场进行离散，推导出了三维非稳定渗流场随机有限元列式，得到非稳定渗流的随机渗流场，推导出渗流场中流量的均值和方差的计算公式，并编制了相应的程序。丁万涛和姬永红研究了水底隧道涌水量的预测方法及工程应用。田海涛总结了利用地下水动力学和模糊数学预测隧道涌水量的方法，并提出运用模糊贴近度预测隧道涌水量的理论。黄涛和毛昶熙总结并提出了裂隙岩体隧道涌水量预测及渗流计算方法。王晓明等采用降水入渗法,结合蒙特卡洛随机模拟技术,对河北省水峪隧道的涌水量进行概率研究,为隧道涌水量预测提供了一种概率分析方法;陈冬等试用SWMM模型,模拟以管道为主的岩溶隧洞涌水过程,分析SWMM模型对岩溶隧道涌水量动态变化模拟的适用性;王建宇从地下水的渗流作用出发对作用于隧道衬砌的水压力荷载的计算进行了讨论,着重指出了不同水头高度情况下水压力的折减方法和排导系统的设置方式;喻成云通过收集隧道实际突涌水样本数量,从数学统计的角度分析隧道突涌水量的主要影响因素,并从统计角度建立了回归方程;肖智兴等使用遗传算法优化BP神经网络的初始权值和阈值,建立了水下隧道涌水量的遗传-神经网络预测模型,并进行了计算分析。本章在总结国内外学者提出的众多隧道涌水量预测方法的基础上,对比分析不同的隧道涌水量预测方法,为更加合理有效地进行隧道涌水量预测提供借鉴和参考。

3.2.1　隧道涌水量预测方法

(1)《铁路工程水文地质勘察规范》分类,如表 3.2-1 所示。

《铁路工程水文地质勘察规范》分类　　　　　　　　　　　表 3.2-1

序号	类型	方法名称
1	地下水动力学法(解析法)	稳定流法
		非稳定流法
		半理论半经验法
2	简易水均衡法	地下径流深度法
		地下径流模数法
		降水入渗法
3	其他方法	水文地质比拟法
		同位素氚法

(2) 西南交通大学刘丹分类法,如表 3.2-2 所示。

西南交通大学刘丹分类法　　　　　　　　　　　表 3.2-2

序号	类型	方法名称			
1	非确定性统计模型	地质比拟法 相关分析法 水理统计法 渗入系数法			
2	确定性数学模型	渗流型	解析法	稳定流公式	理论解析法
					经验解析法
				非稳定流公式	
			数值法	有限元法	
				有限差分法	
		非渗流型	水均衡法		

序号	类型	方法名称	
3	随机性数学模型	经典型	时间序列分析法
			频谱分析法
		非经典型	灰色系统理论法
			模糊数学法

（3）中国铁道科学研究院西南分院和西南交通大学科研报告《既有隧道环境地下水变化规律以及对环境生态平衡影响的评估》提出的分类法及应用条件，如表 3.2-3 所示。

中国铁道科学研究院西南分院和西南交通大学分类　　表 3.2-3

序号	类型	方法名称	应用条件	适用范围
1	确定性数学模型法	比拟法	研究区与已知区的水文地质条件相似，且较简单	初测阶段隧道涌水量计算
		径流模数法	水文地质较简单的山区隧洞，具有较完整的水文观测资料	初测阶段隧道涌水量计算
		水均衡法	独立的地表水流域内或水文地质单元内，有较丰富的水文及水文资料	初测、定测及施工阶段隧道涌水量的宏观计算。其他计算的基础
		解析法	水文地质条件不复杂，含水介质较均质的研究区	定测及施工阶段隧道涌水量的计算与预测
		数值法	水文地质条件复杂，含水介质具有非均质各向异性的研究区，具有较明确的边界	定测、施工及运营阶段隧道涌水量的计算与预测
		渗流张量法	非均质各向异性的裂隙含水介质研究区，基岩裂隙测绘方便	定测及施工阶段隧道涌水量预测所需的水文地质参数计算
2	随机性数学模型法	"黑箱"理论法	水文地质复杂，特别是岩溶水地区；水文地质条件欠缺，但降水、地表水、泉水等资料丰富	定测、施工及运营阶段隧道涌水量的计算与预测
		灰色关联度分析和灰色虚拟变量多元回归法	水文地质条件较复杂的研究区，具有一定的地质、水文地质、隧道地质测绘、气象等综合资料	一般类型隧道初测、定测、施工、运营阶段，复杂类型隧道初测阶段的涌水量预测
		时间序列分析及频谱分析法	水文地质条件复杂的研究区，特别是岩溶水地区；地下水有集中排泄特点，有较长时间的地下水动态观测资料	施工及运营阶段隧道总涌水量预测

3.2.2　长、大隧洞涌水量和地下水响应规律预测

1）水文地质比拟法

水文地质比拟法是建立在水文地质条件相似的基础上，以既有工程的涌水量计算拟建工程的涌水量。因此，此法适用于拟建工程附近有类似工程的情况，其水文地质条件相似，而精度取决于既有工程和拟建工程的相似性，两者越相似则精度越高，反之则越差。预测拟建隧道的正常涌水量和最大涌水量近似为

$$Q = Q' \frac{F \cdot S}{F' \cdot S'} \tag{3.2-1}$$

$$F = BL, \quad F' = B'L' \tag{3.2-2}$$

式中　Q、Q'——分别为拟建、既有隧道的正常（或最大）涌水量（m^3/d）；

　　　F、F'——分别为拟建、既有隧道的集水面积（m^2）；

　　　S、S'——分别为拟建、既有隧道含水体中静止水位计的水位降深（m）；

　　　B、B'——分别为拟建、既有隧道衬砌前洞身宽度（m）；

　　　L、L'——分别为拟建、既有隧道通过含水体的长度（m）。

2）水均衡法

水均衡法指在一定范围内，水在循环过程中保持平衡状态，收入和支出相等，查明隧道施工段水的补给、排泄之间的关系，从而获得施工段的涌水量。水均衡法适用于地下水的形成条件较简单的施工地段，可宏观地、近似地预测隧道的正常涌水量和最大涌水量；当隧道施工段涌水补给源有限时，是校核其他方法成果的一个重要补充。水均衡法预测正常涌水量时，常分为地下径流模数法和降水入渗法。

（1）地下径流模数法

地下径流模数法的核心是确定地下径流模数。评价地下径流模数的主要方法：

① 根据泉流量观测进行计算；

② 依据实测的溪流断面流量计算。

此法适用于隧道通过一个或多个地表水流域地区，也适用于岩溶区。计算公式如下：

$$Q_s = MA \tag{3.2-3}$$

$$M = Q/F \tag{3.2-4}$$

式中　Q_s——隧道通过含水体地段的正常涌水量（m^3/d）；

　　　M——地下径流模数 $[m^3/(d \cdot km^2)]$；

　　　A——隧道通过含水体地段的集水面积（km^2）；

　　　Q——地下水补给的河流的流量或下降泉流量，采用枯水期流量计算；

　　　F——与 Q 的地表水或下降泉流量相当的地表流域面积（km^2）。

地下径流横数法适用于越岭隧道通过一个或多个地表水流域地区，也适用于岩溶区隧道。根据实际工程经验，当处于枯水期，无降水时，采用该式计算预测隧道正常涌水量接近实际情况。在雨期，预测隧道涌水量明显偏小，因此利用该方法时应按时间进行选择，或在雨期进行修正。

（2）降水入渗法

降水入渗法适用于埋藏深度较浅的越岭隧道等类型水文地质条件区域，也可用于岩溶区域。根据隧道通过地段降水量、集水面积并结合地形地貌、植被、地质和水文地质条件选取合适的降水入渗系数经验值，可宏观、概略预测隧道正常涌水量。

计算公式如下：

$$Q_s = 2.74 \alpha WA \tag{3.2-5}$$

$$A = LB \tag{3.2-6}$$

式中　Q_s——隧道正常涌水量（m^3/d）；

　　　A——大气降水入渗系数；

N——年降水量（mm）；

A——汇水面积（km^2）；

L——隧道通过含水体地段的长度（km）；

B——隧道通过含水体地段 L 长度内对隧道轴线两侧的影响宽度（km）。

该法关键技术是集水面积和入渗系数确定，多用于可行性研究阶段或初测阶段。集水面积 A 根据浅埋至埋深 500m 的隧道观测数据可得，影响范围为 $0.6\sim5.0$km，集水面积与隧道埋深和水力联系程度有关。入渗系数的取值求解较困难，隧道各区段降水入渗系数根据孔内水文测试计算。

3）地下水动力学法

地下水动力学法又称解析法，是依据介质中地下水动力学的基本理论，建立地下水运动规律的基本方程，通过数学解析的方法求解这些基本方程，从而获得在给定边界和初值条件下的涌水量。

计算模型如图 3.2-1 所示。图中，h 为隧道中心点至地下水位线的距离（m）；d 和 r 分别表示隧道的直径和半径（m）；h_c 表示隧道所处的含水层厚度（m）。

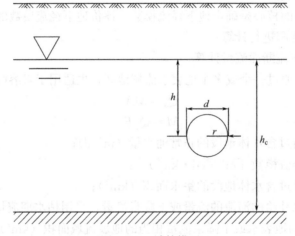

图 3.2-1　计算模型

（1）M. EI. Tani（2007）公式

$$Q = 2\pi k \frac{(\lambda^2 - 1)h}{(\lambda^2 + 1)\ln\lambda} \tag{3.2-7}$$

式中　$\lambda = h/r - \sqrt{(h^2/r^2) - 1}$；

　　　Q——预测隧道涌水量（m^3/s）；

　　　k——含水地层的渗透系数（m/s）。

（2）Goodman（1965）公式

$$Q = 2\pi kh / \ln(2h/r) \tag{3.2-8}$$

（3）Karlsrud（2001）公式

$$Q = 2\pi kh / \ln(2h/r - 1) \tag{3.2-9}$$

（4）Schleiss（1988）和 Lei（1999）公式

$$Q = 2\pi kh / \ln(h/r + \sqrt{h^2/r^2 - 1}) \tag{3.2-10}$$

（5）Lombardi（2002）公式

$$Q = \frac{2\pi k h}{\ln\left(\dfrac{2h}{r}\right)\left[1 + 0.4\left(\dfrac{r}{h}\right)^2\right]} \tag{3.2-11}$$

（6）大岛洋志公式

$$Q = 2\pi k h m / \ln(2h/r) \tag{3.2-12}$$

式中　m——转换系数，一般取为 0.86。

大岛洋志公式是 Goodman 公式的修正。

（7）佐藤邦明公式

$$Q = \frac{2\pi k h m}{\ln\left[\tan\dfrac{\pi(2h-r)}{4h_c}\right]\cot\dfrac{\pi r}{4h_c}} \tag{3.2-13}$$

式（3.2-13）能考虑隧道围岩含水层厚度对隧道涌水量的影响。

（8）王建宇（2003）公式

$$Q = 2\pi k h / \ln(h/r) \tag{3.2-14}$$

式（3.2-14）基于隧道洞周和无限远边界等水头的边界条件，适用于深埋高水头圆形洞室的涌水量计算，对浅埋隧道涌水量预测误差较大。同时，王建宇还考虑了注浆圈和衬砌结构渗透系数的不同对洞内涌水量的影响，即

$$Q = \frac{2\pi k h}{\ln\left(\dfrac{h}{r_g}\right) + \dfrac{k}{k_g}\ln\dfrac{r_g}{r_1} + \dfrac{k}{k_1}\ln\dfrac{r_1}{r}} \tag{3.2-15}$$

式中　k_g、k_1——注浆圈、衬砌渗透系数；

　　　r_g、r_1——注浆圈、衬砌断面半径。

如果注浆圈和衬砌渗透系数等同于围岩，则该公式退化为式（3.2-8）。

4）数值计算法

数值计算法是由于解析法等难以描述非均质含水层和复杂条件下的地下水运动规律，并随着电子计算机的发展而迅速发展起来的一种近似计算方法，包括有限单元法、有限差分法、边界元法和离散单元法等，其中以有限单元法应用最为广泛。数值法适合解决复杂条件下的水文地质问题，只要地质模型正确，一般都能给出较精确解。以水文地质概念模型为基础的数值模拟方法，能够比较充分地反映出隧道围岩含水介质的水动力学特性和特定的边界条件，与其他计算方法同时使用，不仅能互相验证，而且能够更加深入和全面地分析隧道的涌水问题。

MODFLOW 是由美国地质调查局（USGS）的 McDonald 和 Harbaugh 于 20 世纪 80 年代开发出来的一专门用于孔隙介质的三维有限差分地下水流数值模拟的软件。自问世以来，已经在全世界范围内，在科研、生产、环境保护、水资源利用等许多行业和部门得到了广泛的应用，成为最为普及的地下水运动数值模拟的计算软件。

数值模拟的思路为：首先需要进行必要的水文地质测绘、钻探、试验和长期观测以查明研究区的工程地质条件和水文地质条件，取得相关资料。这样得到的是一个天然地质体或原问题的概念模型。然后从这个概念模型出发，应用一组数学关系式来刻画它的数量关系和空间形式，以反映所研究的地质体的工程地质、水文地质条件和所要描述的地下水流

动的基本特征，达到再现或复制一个实际地下水系统基本状态的目的。

下一步就是对所建立的模型进行识别，即将模型通过数值模拟得到的结果和野外试验对含水层施加某种影响所得的实际观测结果或长期观测资料比较，进行模型的修正。

经过这些步骤后的模型说明它确实能代表所研究的地质体中发生的真实过程，表明它有能力以足够的精度预测未来的状况。然后以稳定流模型作为隧道开挖的非稳定流模拟的初始条件，进行隧道开挖过程中和之后的涌水量模拟，得出隧道的最大涌水量和正常涌水量。

具体步骤如下：

(1) 建立地下水水文地质概化模型；

(2) 网格划分；

(3) 相关参数的确定，如渗透系数、影响半径、边界条件、降水补给等；

(4) 初始渗流场及模型校验；

(5) 进行方案模拟。

5）"黑箱"理论

"黑箱"理论方法主要是利用涌水系统中输入信息（降水量、河水位等）与输出信息（涌水量、地下水位等）之间的相应关系来预测隧道中的涌水量和地下水位水压。其理论公式为：

$$\{y_1, y_2, y_3, \cdots y_n\} = \{K\}(x_1, x_2, x_3, \cdots x_n) \qquad (3.2\text{-}16)$$

式中　　$\{y_1, y_2, y_3, \cdots y_n\}$——输入信息集合；

　　　　$(x_1, x_2, x_3, \cdots x_n)$——输出信息集合；

　　　　$\{K\}$——变换集合。

6）灰色系统理论方法

灰色系统理论方法基本原理就是首先根据灰色关联度理论确定对隧道涌水的主要影响因素，以明确地表水文地质调查的主要内容和重点工作。然后根据调查结果对照由数量化判别方法计算出来的评判标准进行评分，即可判别涌水严重程度等级。最后，对于等级严重的水害隧道，可根据由灰色虚拟变量多元回归方法计算出来的评判标准预测可能涌水量。这套方法的特点是方便快捷，不需要繁杂的勘探、试验，只需地表调查就可以定量预测。

7）时间序列分析方法

时间序列分析方法是把隧道的含水围岩视为集中参数系统，其涌水量 $Q(t)$ 是水文地质条件、施工条件等随机因素影响下的一个随机变量，而整个过程是一个随机过程，可对此过程进行建模，并且对模型进行预测。

8）层次分析与模糊数学法

层次分析法由美国匹兹堡大学教授提出，它的基本思想是把一个复杂的问题分解为各个组成要素，并将这些因素按支配关系分组，从而形成一个有序的递阶层次结构。在每一层次按照某一规则，对该层次各要素进行两两比较，写成矩阵形式，然后利用数学方法，计算该层各要素对于该准则的相对重要性次序的权重以及对于总体目标的组合权重，并进行排序，利用排序结果，对问题进行分析和决策。

1965 年，美国加利福尼亚大学教授扎德在《信息与控制》杂志上发表论文"模糊集合论"，首次提出用"隶属函数"这个概念来描述现象差异的中间过渡，从而突破了世纪末笛卡尔的经典集合论中属于或不属于的绝对关系。从此，模糊数学宣告诞生。它的产生，使人们找到了一套研究和处理模糊性问题的数学方法，是精确的经典和充满模糊的现实之间的桥梁。目前，模糊数学的应用已经较为广泛，涉及理、工、农、医以及社会科学的各个领域，也在评标中逐步予以采用。

具体方法步骤如下：

（1）建立层次结构模型。在深入分析实际问题的基础上，分析问题所包含的因素及其相互关系，将有关的各个因素按照不同的属性自上而下地分解成若干层次。层次结构通常可分为目标层、准则层和方案层。隧道涌水评价等级层次结构模型如图 3.2-2 所示。

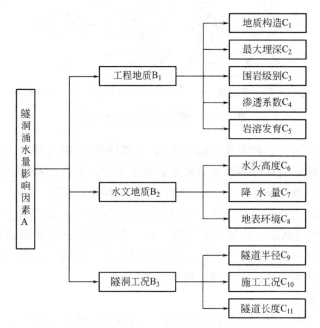

图 3.2-2　隧道涌水评价等级层次模型

（2）确定模糊隶属函数。正确确定隶属函数，是运用模糊集合理论解决实际问题的基础。因此，建立反映实际规律的合适的隶属函数，是进行模糊综合评价不可缺少的重要环节。隶属函数的确定方法有很多，其中经常采用的有：①模糊统计法；②专家调查法；③分布法；④二元对比排序法；⑤请有经验的专家或工程技术人员直接打分等。

（3）确定各指标权重系数。

（4）确定隧道涌水评价等级及评价矩阵。

9）基于 BP 神经网络的隧洞涌水量预测模型

人工神经网络以其具有自学习、自组织、较好的容错性和优良的非线性逼近能力，受到众多领域学者的关注。在实际应用中，80%～90%的人工神经网络模型是采用误差反传算法或其变化形式的网络模型（简称 BP 网络），目前主要应用于函数逼近、模式识别、分类和数据压缩或数据挖掘。

神经网络由输入层、隐层和输出层构成，其中可以有多个隐层。一般认为，增加隐层数可以降低网络误差（也有文献认为不一定能有效降低），提高精度，但也使网络复杂化，从而增加了网络的训练时间和出现"过拟合"的倾向。Hornik 等证明：若输入层和输出层采用线性转换函数，隐层采用 Sigmoid 转换函数，则含一个隐层的 MLP 网络能够以任意精度逼近任何有理函数。

通常将 BP 神经网络构建成前馈型神经网络，该神经网络假设层与层间的神经元都有信息交换（否则，可设它们之间的权重为零），但同一层的神经元之间无信息传输；信息传输的方向是从输入层到输出层方向，因此称为前向网络，没有反向传播信息。典型的多层前馈 BP 神经网络如图 3.2-3 所示。

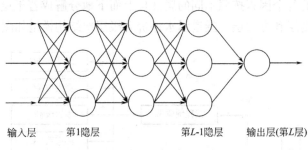

输入层　　　第1隐层　　　　　　　　　第L-1隐层　　输出层(第L层)

图 3.2-3　　多层前馈神经网络模型

神经网络用于预测有三种方式：趋势预测、回归预测和组合预测。趋势预测和回归预测时，虽然样本不同，但对样本预处理的方法基本相同，预测的步骤也基本相同。本研究的目的就是在现有的数据条件下，采用神经网络回归预测的思路，通过神经网络分析隧洞涌水量与其影响因素之间的关联关系，然后用影响因素的未来值预测隧洞涌水量的状况。

建立一个 BP 神经网络，首层为输入层，输入变量是隧洞涌水量影响因素，中间为隐含层，通过调整神经元的权值来使网络逼近隧洞涌水量，最后一层为输出层，输出隧洞涌水量，将网络输出作相应处理，就可以得到预测值。

具体研究步骤如下：

（1）样本的选取和预处理。根据研究目标，选取合适的训练样本和检验样本，在输入之前需对输入样本作归一化处理；

（2）确定 BP 网络的结构，包括与输出变量相关的输入变量的选取、隐层数和隐层节点数的选取、响应函数的确定、训练算法和参数的选取；

（3）把输入样本输入神经网络，计算网络输出值，然后与实际输出相比较，使用选定的网络训练算法，以一定的规则修改网络的连接权值。反复计算误差和修改权值，直到误差达到一定的范围以内，输入检验样本，判断检验结果；

（4）还原处理及结果分析，对样本结果进行还原处理得到实际值，如果训练误差在允许范围内，而且网络泛化能力较好，就可以利用训练好的神经网络来预测隧道涌水量了。

3.2.3　隧洞涌水量预测方法综合比较

（1）水文地质类比法要求研究区与已知区的水文地质条件相似，且较简单，两者越相似，预测精度就越高。

（2）水均衡法是将隧道所在的水文地质单元作为一个均衡区，其关键是均衡式的建立即均衡要素的测定。但是在解决这一问题时遇到了困难，就是天然条件下的水均衡关系在隧道的施工过程中常常遭受强烈的破坏，如强烈的降压疏干使地下水运动的速度和水力坡降增大等。水均衡法虽然有种种不足，但它有一个最大的特点，就是能在查明有保证的根本补给来源的情况下，确定隧道的极限涌水量。因此在补给源有限时，它可以作为核对其他方法计算结果的一种补充性计算方法，也适用于工程可行性研究阶段概略地预测隧道涌水量。

（3）地下水动力解析法在隧道涌水量计算中应用较为普遍，常用稳定流或非稳定流理论的裘布依公式、泰斯公式等计算水文地质参数，再以水平集水建筑物的水量计算公式结合隧道的边界条件、含水层特征等选用认为适合于隧道涌水量计算的公式。裘布依、泰斯公式是在相当理想的特定条件均质、层流、各向同性情况下推导得出的。而岩溶水的基本特点是水量丰富而分布不均一，在不均一之中又有一些相对均一的地段含水层内具有统一的自由水面，同时也存在着相对隔离的孤立水源，反映出各个方向的水力联系有很大的差异性；其径流特点是水平垂直运动。有压流与无压流，渗流管流与层流紊流同时存在，又时常变换。特别是在季节变动带最明显，往下逐渐减弱。所以，位于地下水垂直循环带和季节变动带内的岩溶隧道涌水量计算和预测用地下水动力学法解析法则不理想。

（4）水文地质数值计算法的基本原理是把地下水渗流运动的微分方程的定解问题转化为一系列线性方程组的求解问题，对隧道围岩含水介质为裂隙型或岩溶裂隙型渗流场非均质各向异性的研究，即用基于视裂隙含水介质为离散模型或统计模型的渗透张量法取得水文地质参数渗透系数和弹性释水系数，进行正演计算，预测涌水量。该方法适用性强，只要建立的定解问题真实地描述了客观地质及水文地质体，往往能取得较好结果，但对勘探试验的要求高，因而成本也高。计算工作量大，且必须电算，不甚方便。

（5）随机性数学模型法适用于因水文地质条件的复杂性和不确定性致使一些基本要素如含水层的非均质性、地下水径流特征、补排关系等难以搞清，定解条件不易准确概化的隧道。所需数据一般较易获取，方便、快捷，可以大致定量预测涌水量。岩溶隧道的初、定测阶段可用之。

3.3　典型案例分析

3.3.1　鹫峰山隧道涌水量预测

鹫峰山隧道涌水量预测报告研究中分别采用降水入渗法、地下水动力学法和 MODFLOW 数值模拟法预测隧道涌水量，得到典型结果对比如表 3.3-1 所示。

三种方法计算结果与监测数据对比（鹫峰山隧道）　　　　　　　表 3.3-1

断层、节理密集带编号	降水入渗法（m³/d）（误差%）	地下水动力解析法（m³/d）（误差%）	MODFLOW 数值模拟法（m³/d）（误差%）	监测数据（m³/d）
F1、F2 断层	2.07（81.4）	7.22（35）	13.15（18.3）	11.12
节理密集带	15.18（75.7）	9.33（8.0）	9.16（6.0）	8.64
F3 断层	3.38（42.0）	9.08（56.0）	-4.93（15.3）	5.82
岩性接触带	19.95	13.46	31.87	

数据来源：徐承宇. 鹫峰山隧道涌水量预测报告研究［D］. 成都：西南交通大学，2013：51-52。

鹫峰山隧道长度为17601m，最大埋深597m，属于深埋特长隧道，并且隧址区裂隙发育，地下水静储量较大，大气降水充足。

对比上述三种不同计算方法的预测结果和现场监测数据发现，三种预测方法有比较明显的差异：降水入渗法预测总涌水量最小，相较于监测数据，误差最大，MODFLOW数值模拟法误差最小。

根据预测结果来看，降水入渗法预测结果较小，并不能非常准确地预测隧道涌水量。原因在于实际计算过程中，非常准确地考虑到地下水均衡的每个构成部分是十分困难的。正因为不能完整地计算各个组成部分，降水入渗法一般只适用于某些完整而且统一的地质单元以内，在这种地质单元中，地下水的补给量和排泄量比较容易确定，或者是在有着长期监测，资料比较齐全的研究区，也可以用降水入渗法计算总涌水量。而且降水入渗法适合埋深较浅的隧道，并不是很适合鹫峰山所在区域。

地下水动力解析法是在实际应用中比较广泛的一种方法。此方法的优点在于公式简单，计算方便快捷。通过本次预测结果来看，解析法预测的准确性也是能够得到保障的。但是，这种方法也有它的弊端，那就是采用地下水动力解析法计算时，无法考虑到裂隙岩体的不均一性与各向异性，计算方式有较大的简化，无法考虑到节理渗透性的不均一变化，同时也无法考虑水流运动对裂隙张开度的影响，该方法的计算较为简洁，相对数值法不能较准确反映隧道的涌水情况。

相对而言，模拟法预测涌水量理论上能够比较真实地反映不同区段的地质条件，但是也应该有不同程度的假设条件和概化处理。所有的模拟都会有不确定性。由于水文地质参数、有关溶质运动和迁移的参数以及边界条件都永远不可能知道得很详细，对于已经存在的溶质的分布了解得常常比较少，对于将来可能出现的外来影响一般并不能准确地刻画出它的特征，所有这些问题都有可能成为影响概念模型成功地应用于野外实际问题的重要因素，这些因素也就成了附加给模型的不确定性，或者说是模型不确定性的由来。

3.3.2 富水区深埋高渗压隧洞涌水预测对比

在富水区深埋高渗压隧洞涌水预测技术研究中分别采用层次分析与模糊数学法、基于BP神经网络的隧洞涌水量预测模型以及MODFLOW数值模拟法预测隧洞涌水量，得到典型对比结果如表3.3-2所示。

三种方法计算结果与监测数据对比（富水区深埋高渗压隧洞）　表3.3-2

区域	模糊数学方法（L/S）（误差%）	BP神经网络法（L/S）（误差%）	MODFLOW数值模拟法（L/S）（误差%）	监测数据（L/S）
1	778~1500（-32.35%~30.43%）	1249(8.61%)	1054(-8.35%)	1150
2	400~778（33.33%~159.33%）	311(3.67%)	356(18.67%)	300
3	400~778(300%~678%)	105(5%)	147(47%)	100
综合评价	较差	较合适	较合适	

数据来源：代承勇.富水区深埋高渗压隧洞涌水预测技术研究[D].成都：西南交通大学.2010：58-59.

针对此富水区深埋高渗压隧洞涌水预测，三种预测方法有比较明显的差异：BP 神经网络模型和 MODFLOW 法对涌水量的预测值较实际值误差较小，层次分析与模糊数学方法预测值较实际值误差较大。

（1）层次分析与模糊数学方法用于涌水量预测是比较主观的一种方法，其计算精度很大程度上取决于对工程区影响隧洞涌水因素的掌握程度，对隧洞涌水量的预测只能大致估计在某个数量级范围之内。一旦对涌水预测的数量级估计不准确，可能导致实际涌水量与预测涌水量成数倍或者数十倍的差异。该方法可以作为其他涌水预测途径的辅助方法，不建议直接用于预测隧道涌水量。

（2）运用 BP 神经网络模型对涌水量的预测值比实际值偏大，误差在 10% 范围内。BP 神经网络对涌水量的预测值与实测值具有相同的数量级，该方法对涌水预测能提供较好的参考作用。

（3）MODFLOW 法预测值与实测值之间存在较大的误差，其计算精度取决于对复杂地质模型全面勘察与分析，受到模拟过程与实测过程不一致的影响。总的来说，隧洞涌水量预测值与实测值在同一数量级范围之内，说明利用 MODFLOW 进行涌水预测具有一定的参考价值。

（4）三种预测方法的基本前提是要充分掌握涌水隧洞工程区地质条件与水理环境等方面的信息，在此基础上，BP 神经网络和 MODFLOW 法相对层次分析与模糊数学法对涌水预测较为客观，层次分析与模糊数学法较为主观，建议优先采用 BP 神经网络和 MOD-FLOW 法，可用层次分析与模糊数学法对其他预测方法进行辅助判断。

综上所述，基于神经网络建立的"富水区深埋高渗压隧洞涌水预测模型"对涌水量的预测值比实际值偏大，误差在 10% 范围内，能够较为合理地预测隧洞涌水量。

3.3.3　新疆某输水隧洞掌子面涌水量预测分析

某输水隧洞开挖至高压富水洞段时，掌子面出现涌水现象。隧洞埋深为 246～275m，开挖洞径为 6.7m，掌子面位置属于断层破碎带，涌水主要集中于 10 点至 12 点半位置，该段出水约为 290m³/h，此段涌水受外界补给，围岩整体性右侧好于左侧（面向掌子面）。

围岩为志留系中统基夫克组硅质粉砂岩、凝灰质砂岩，坚硬致密。层顶为古风化壳，桩号 5+900～6+100 附近岩体破碎并有不同程度泥化现象。7+150～7+300 之间有断层发育，岩体破碎。承压含水层岩体具有中等～强透水性，上第三系为相对隔水顶板。2015 年 8 月观测，承压水位高出隧洞约 384～426m。本段属于强富水区，补给充分，隧洞存在高压力、持续大流量突涌水问题。第三系上部为第四系风积黄土层，潜水埋深为 12～13m。

有限单元法、有限差分法和离散元法是岩土工程中常用的数值分析方法，在涌水量预测上也同样适用，其中有限单元法进行分析计算更为方便。

1）涌水量预测中渗流分析的原则与具体步骤（有限单元法）

首先，可以把分析域视为由有限数量的小单元体有机组合在一起的组合体，并假定所有单元都有一个匹配的（简单的）控制方程，然后将分析域中所有单元的控制方程组装起来，若定解的条件是确定的，就可以解出这个组装而成的整体控制方程的解。虽然在数值计算分析的过程中假设了单元的控制方程，获得的最终解也只是一个近似解，但只要合理地选择分析域，选择适当的单元控制方程，网格的划分也足够精细，近似解是可以满足计算的精度要求的。

涌水量预测的有限单元法具体计算步骤如表3.3-3所示。

有限单元法计算步骤　　　　　　　　　　　　　　　表3.3-3

序号	主要步骤	具体内容
1	渗流分析域的定义	根据实际渗流问题近似选定求解域几何参数和物理参数
2	渗流分析域的离散（即划分网格）	将渗流分析域离散为具有不同大小、形状且彼此连接的有限个单元组成的组合体,各单元间的连接点称为结点。单元越小(网格越密)计算结果越精确,但计算量及误差将会变大
3	选取适当的型函数	渗流分析中,型函数是表征水头在单元内分布规律的函数,基于型函数,分析域中任一点的水头均可由其所在单元的结点水头表示
4	建立单元控制方程	采用变分法或加权余量法等方法,建立单元结点水头满足的单元控制方程
5	建立分析域整体控制方程	对单元控制方程进行组装,建立以渗流分析域内所有结点水头为未知量的有限元方程列式
6	求解	根据整体控制方程和定解条件,可以求得渗流分析域内所有结点的水头值,从而得到渗流分析域内的水头分布情况

2）有限单元法数值模型建立

采用ABAQUS有限元软件,以该段输水隧洞为背景,建立三维数值分析模型,ABAQUS计算软件功能强大,不但可以快速地解决平面应变的问题,而且也能准确、高效地求解三维的连续介质的渗流问题,该方法在进行数值分析时采用了一种特殊的"位移-孔隙压力"的耦合单元,此单元的特点是孔隙压力的分布呈线性,位移根据计算需要既可取成一阶分布函数,也可取成二阶分布函数。

在本算例中,选取高承压水涌水段作为分析对象,据此建立计算模型。隧洞的开挖标准断面取自隧洞的拟开挖轮廓线外壁向模型外侧延伸10倍隧洞洞径。同时,模型的顶部为隧洞埋深处至地表,底部为隧洞埋深处向下取150m,模型长度为沿隧洞轴向延伸300m。

在计算模型的单元选择时,结合以往工程经验和对隧洞的围岩岩性等勘查资料分析基础上,网格选用C3D8P单元进行参数输入,选择该单元的原因是其具有以下特性:坐标轴的三个方向上均具有线性的位移和线性的孔隙压力。模型最终划分了27185个单元、30096个节点。数值计算模型如图3.3-1所示。

计算模型边界条件设置原则为:

（1）模型的上部边界为自由边界;

（2）底部的边界条件为约束坐标轴X方向、Y方向和Z方向上的位移;

（3）模型的前方和后方的边界条件为约束坐标轴X方向上的位移;

（4）模型的左方和右方的边界条件为约束坐标轴Z方向上的位移。

隧洞内壁与模型周边为隔水边界,发生涌水的掌子面采用自由流出边界。

模型地层由上至下分别为第四系风积黄土层,潜水埋深13m;第三系砂质泥岩相对隔水层;志留系凝灰质砂岩,隧洞埋深处承压水水头高度405m,采用孔压边界条件施加承压水头,各地层力学与渗流参数如表3.3-4所示。

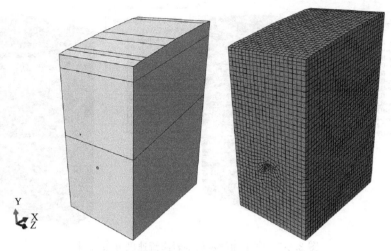

图 3.3-1　有限元模型

各地层力学与渗流参数　　　　　　　　　　　　　　表 3.3-4

岩层分类	重度 (kN/m³)	弹性模量 (MPa)	泊松比	天然孔隙比	渗透系数 (m/s)
风积黄土层	17.9	11	0.44	0.8	5×10^{-3}
砂质泥岩	22	3.6×10^3	0.3	0.18	2.1×10^{-6}
凝灰质砂岩	26	2.79×10^4	0.15	0.44	1.6×10^{-5}

3）有限单元法涌水量预测结果分析

对隧洞掌子面发生涌水后的孔隙水压力与渗流速度分布情况进行了计算分析，结果如图 3.3-2、图 3.3-3 所示。

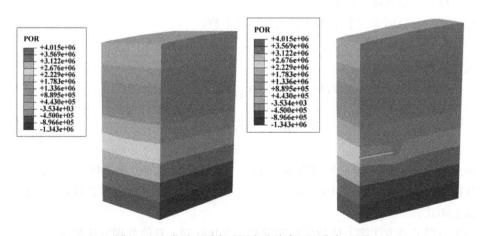

图 3.3-2　掌子面涌水后围岩孔隙水压力分布云图

可以看出，孔隙水压力从上到下呈层状分布，逐渐增大，掌子面发生涌水渗漏后，隧洞周边围岩孔隙水压力下降，地下水向掌子面渗漏临空面流动，造成围岩渗流场改变，形成降落漏斗，由计算结果可知掌子面涌水的最大渗流速度为 2.8×10^{-3} m/s，由掌子面渗

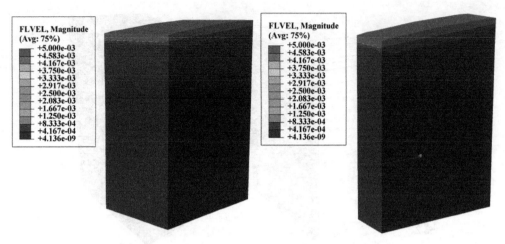

图 3.3-3 掌子面涌水后围岩渗流速度分布云图

漏面积可计算出渗漏涌水量为 $355\mathrm{m}^3/\mathrm{d}$，与隧洞渗漏段测得的涌水量 $290\mathrm{m}^3/\mathrm{h}$ 较为接近。

3.3.4 隧洞涌水量有限差分法数值模拟

1）涌水量预测中渗流分析的原则与具体步骤（有限差分法）

根据现有工程勘查等资料，确定涌水区的水文地质的概念模型，在此基础上按照以下思路建立与概念模型相匹配的数学计算模型：

达西定律的要求为各向异性，同时假设地层条件为不可压缩的连续介质，进而选择研究对象渗流场的数学控制方程如下：

$$\frac{\partial}{\partial x}\left(k_\mathrm{x}\frac{\partial H}{\partial x}\right)+\frac{\partial}{\partial y}\left(k_\mathrm{y}\frac{\partial H}{\partial y}\right)+\frac{\partial}{\partial z}\left(k_\mathrm{z}\frac{\partial H}{\partial z}\right)=S_\mathrm{s}\frac{\partial h}{\partial t} \tag{3.3-1}$$

式中　　H——渗流场的水头；

k_x、k_y、k_z——分别为三个主渗透方向的渗透系数；

S_s——储水率。

其边界条件为：

$$H(x,\ y,\ z)\mid_{\Gamma_1}=\varphi(x,\ y,\ z) \tag{3.3-2}$$

$$k\left.\frac{\partial H}{\partial n}\right|_{\Gamma_2}=q(x,\ y,\ z) \tag{3.3-3}$$

$$H=Z \tag{3.3-4}$$

如上所示：Γ_1 代表第一类的边界条件，Γ_2 代表第二类的边界条件；式（3.3-4）代表涌水外露面的边界条件；式（3.3-3）和式（3.3-4）是自由面的边界条件，必须能够同时满足以上两式。

基于有限差分方法将上述数学模型进行离散化处理，具体处理方法如下：

（1）渗流分析中的离散点确定-计算模型的网格划分

结合已建立的数学模型，参照如图 3.3-4 所示的基本原则，针对研究区进行分析，把含水层进行离散化处理，通过将其划分成一个有机的三维的网格系统，将研究对象的含水层区域分别沿着 X 方向、Y 方向和 Z 方向，进行网格剖分成若干层、列、行；由此形成的每一个长方体就是一个计算单元，网格剖分的精度和数量对计算结果的精度有一定的影响。

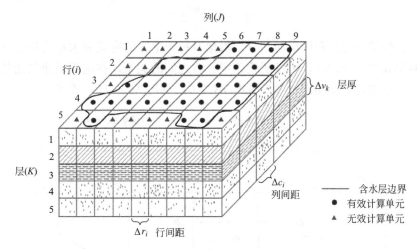

图 3.3-4 含水层的网格划分

根据以上网格划分，对每个行、列、层等分别赋予其编号为 i、j、k，由此可以确定所有计算单元的位置，如图 3.3-5 所示。

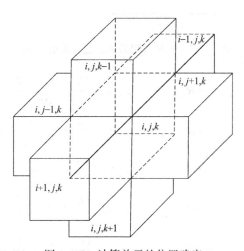

图 3.3-5 计算单元的位置确定

根据图 3.3-5 描述的计算单元的位置，定义 X 方向为行的方向、Y 方向为列的方向，Z 方向为层的方向，对应的单元沿行方向的宽度为 Δr_j，沿列方向的宽度为 Δc_i，沿层方向的宽度为 Δv_k，所以这样的一个计算单元所表示的体积就为 $\Delta r_j \Delta c_i \Delta v_k$。

每个网格即每个单元的中心定义为离散点的位置，由此每个单元都可以表示为均衡域。

（2）按照数学模型建立渗流分析的有限差分方程

根据水量平衡的原理，在计算模型的单元网格中，水流入任一个网格单元的水量和流出该单元的水量的差值为此单元水量的变化值。结合工程案例，设定地下水的密度值为一常数，可以用式（3.3-5）表示，在 Δt 时间中，地下水水位的变化值为 Δh 的水量变化为 Q_i，如果水流入该单元，水量为正，反之为负：

$$Q_i = S_s \frac{\Delta h}{\Delta t} \Delta V \tag{3.3-5}$$

结合以上模型的建立和网格的划分，根据对每个单元的定义和水量变化的分析，当水量在相邻的单元之间流动时，可以明确确定二者之间的关系，在达西定律的指导下，在不同坐标方向上的水量流动如图 3.3-6 和式（3.3-6）～式（3.3-11）所述。

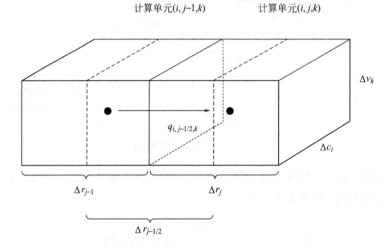

图 3.3-6 水量在相邻单元之间流动示意图

$$q_{i,\,j-1/2,\,k} = kR_{i,\,j-1/2,\,k} \Delta c_j \Delta v_k \frac{(h_{i,\,j-1,\,k} - h_{i,\,j,\,k})}{\Delta r_{j-1/2}} \tag{3.3-6}$$

$$q_{i,\,j+1/2,\,k} = kR_{i,\,j+1/2,\,k} \Delta c_j \Delta v_k \frac{(h_{i,\,j+1,\,k} - h_{i,\,j,\,k})}{\Delta r_{j+1/2}} \tag{3.3-7}$$

$$q_{i+1/2,\,j,\,k} = kC_{j+1/2,\,j,\,k} \Delta r_j \Delta v_k \frac{(h_{i+1,\,j,\,k} - h_{i,\,j,\,k})}{\Delta r_{i+1/2}} \tag{3.3-8}$$

$$q_{i-1/2,\,j,\,k} = kC_{i-1/2,\,j,\,k} \Delta r_j \Delta v_k \frac{(h_{i-1,\,j,\,k} - h_{i,\,j,\,k})}{\Delta c_{i-1/2}} \tag{3.3-9}$$

$$q_{i,\,j,\,k+1/2} = kC_{i,\,j,\,k+1/2} \Delta r_j \Delta c_i \frac{(h_{i,\,j,\,k+1} - h_{i,\,j,\,k})}{\Delta v_{k+1/2}} \tag{3.3-10}$$

$$q_{i,\,j,\,k-1/2} = kV_{i,\,j,\,k-1/2} \Delta r_j \Delta c_i \frac{(h_{i,\,j,\,k-1} - h_{i,\,j,\,k})}{\Delta v_{k-1/2}} \tag{3.3-11}$$

综上可知，式（3.3-6）～式（3.3-11）描述了每个单元的六个面的水量进入情况，同时还可以了解单元的大小、水头以及渗透系数等信息，但是相对复杂，因为单元的尺寸为定值、渗透系数也不是变量，二者在式中表示为乘积的形式，所以可将二者的积视为一个值，定义为导水系数，式（3.3-6）～式（3.3-11）可简化为式（3.3-12）～式（3.3-17）。

$$q_{i,\,j-1/2,\,k} = CR_{i,\,j-1/2,\,k}(h_{i,\,j-1,\,k} - h_{i,\,j,\,k}) \tag{3.3-12}$$

$$q_{i,\,j+1/2,\,k} = CR_{i,\,j+1/2,\,k}(h_{i,\,j+1,\,k} - h_{i,\,j,\,k}) \tag{3.3-13}$$

$$q_{i-1/2,\,j,\,k} = CC_{i-1/2,\,j,\,k}(h_{i-1,\,j,\,k} - h_{i,\,j,\,k}) \tag{3.3-14}$$

$$q_{i+1/2,\,j,\,k}=CC_{i+1/2,\,j,\,k}(h_{i+1,\,j,\,k}-h_{i,\,j,\,k}) \qquad (3.3\text{-}15)$$

$$q_{i,\,j,\,k-1/2}=CV_{i,\,j,\,k-1/2}(h_{i,\,j,\,k-1}-h_{i,\,j,\,k}) \qquad (3.3\text{-}16)$$

$$q_{i,\,j,\,k+1/2}=CV_{i,\,j,\,k+1/2}(h_{i,\,j,\,k+1}-h_{i,\,j,\,k}) \qquad (3.3\text{-}17)$$

在数学分析模型中，需要计算分析外界水对含水层的补给情况，在隧洞工程中，常见的补给如暗河、溶腔积水、地表水、外部地层的裂隙水等多种来源，补给水量主要取决于水头，有可能全部或部分由目标单元确定，研究对象内其他单元对其影响很小，由此，外界水补给影响可由式（3.3-18）描述。

$$a_{i,\,j,\,k,\,n}=p_{i,\,j,\,k,\,n}h_{i,\,j,\,k}+q_{i,\,j,\,k,\,n} \qquad (3.3\text{-}18)$$

式中　　$a_{i,j,k,n}$——第 n 个外界补给水源流入目标单元（i，j，k）的水量；

$P_{i,j,k,n}$，$Q_{i,j,k,n}$——常量。

如果外界补给的水源来源不唯一，有多个补给，由此目标单元的总体补给公式可如式（3.3-19）所示。

$$QS_{i,\,j,\,k}=\sum_{n=1}^{N}p_{i,\,j,\,k,\,n}h_{i,\,j,\,k}+\sum_{n=1}^{N}q_{i,\,j,\,k} \qquad (3.3\text{-}19)$$

结合式（3.3-5），将其应用于目标单元，可以计算外界水源的补给量与从目标单元的六个临面进入的水量之和，可用式（3.3-20）来表述：

$$q_{i,\,j-1/2,\,k}+q_{i,\,j+1/2,\,k}+q_{i-1/2,\,j,\,k}+q_{i+1/2,\,j,\,k}+q_{i,\,j,\,k-1/2}+$$

$$q_{i,\,j,\,k+1/2}+QS_{i,\,j,\,k}=S_{si,\,j,\,k}\frac{\Delta h_{i,\,j,\,k}}{\Delta t}\Delta r_j\Delta c_i\Delta v_k \qquad (3.3\text{-}20)$$

式中　　$\dfrac{\Delta h_{i,\,j,\,k}}{\Delta t}$——水头的有限差分表达式；

$S_{si,j,k}$——目标单元的贮水率；

$\Delta r_j\Delta c_i\Delta v_k$——目标单元体积。

将式（3.3-6）～式（3.3-11）、式（3.3-19）代入式（3.3-20）中，就可得到目标单元的有限差分的近似表达式，如式（3.3-21）所示。

$$CR_{i,\,j-1/2,\,k}(h_{i,\,j-1,\,k}-h_{i,\,j,\,k})+CR_{i,\,j+1/2,\,k}(h_{i,\,j+1,\,k}-h_{i,\,j,\,k})+$$

$$CC_{i-1/2,\,j,\,k}(h_{i-1,\,j,\,k}-h_{i,\,j,\,k})+CC_{i+1/2,\,j,\,k}(h_{i+1,\,j,\,k}-h_{i,\,j,\,k})+$$

$$CV_{i,\,j,\,k-1/2}(h_{i,\,j,\,k-1}-h_{i,\,j,\,k})+CV_{i,\,j,\,k+1/2}(h_{i,\,j,\,k+1}-h_{i,\,j,\,k})+$$

$$\sum_{n=1}^{N}p_{i,\,j,\,k,\,n}h_{i,\,j,\,k}+\sum_{n=1}^{N}q_{i,\,j,\,k,\,n}=S_{si,\,j,\,k}(\Delta r_j\Delta c_i\Delta v_k)\Delta h_{i,\,j,\,k}/\Delta t \qquad (3.3\text{-}21)$$

在目标单元的计算过程中，水头与时间存在一定的相关关系，水头随着时间的增长而变化，其相关关系及变化曲线如图 3.3-7 所示，在 t_m 时刻，此时目标单元（i，j，k）的水头为 $h_{i,j,k}^m$，所以下一时刻的水头变化差分近似值为 $\Delta h_{i,j,k}^m$。

对水头的近似值进行对时间的微分处理，得到 $\Delta h_{i,j,k}/\Delta t$，结合图 3.3-7 中描述，在目标单元节点的相邻某时刻 t_m、t_{m-1}，预期相对应的水头可以表示为 $h_{i,j,k}^m$、$h_{i,j,k}^{m-1}$，由此可以获得微分后的差分表达式：

$$\left(\frac{\Delta h_{i,\,j,\,k}}{\Delta t}\right)_m\cong\frac{h_{i,\,j,\,k}^m-h_{i,\,j,\,k}^{m-1}}{t_m-t_{m-1}} \qquad (3.3\text{-}22)$$

可以将此时的差分表达式定义为向后差分表达式，主要原因是在模型的计算过程中，

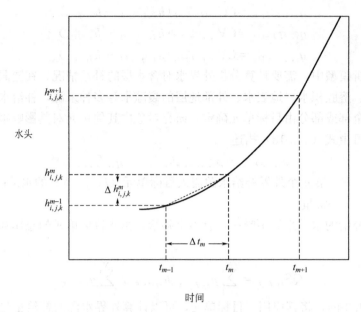

图 3.3-7　计算的目标单元水头随时间的变化关系曲线

当对 t_m 时刻的水头进行计算时，所采用的基础数据是前一时刻即 t_{m-1} 时刻的水头值 $h_{i,j,k}^{m-1}$。

所以，式（3.3-21）也可以表述为式（3.3-23）的形式：

$$CR_{i,\,j-1/2,\,k}(h_{i,\,j-1,\,k}^m - h_{i,\,j,\,k}^m) + CR_{i,\,j+1/2,\,k}(h_{i,\,j+1,\,k}^m - h_{i,\,j,\,k}^m) +$$
$$CC_{i-1/2,\,j,\,k}(h_{i-1,\,j,\,k}^m - h_{i,\,j,\,k}^m) + CC_{i+1/2,\,j,\,k}(h_{i+1,\,j,\,k}^m - h_{i,\,j,\,k}^m) +$$
$$CV_{i,\,j,\,k-1/2}(h_{i,\,j,\,k-1}^m - h_{i,\,j,\,k}^m) + CV_{i,\,j,\,k+1/2}(h_{i,\,j,\,k+1}^m - h_{i,\,j,\,k}^m) +$$
$$\sum_{n=1}^{N} p_{i,\,j,\,k,\,n} h_{i,\,j,\,k}^m + \sum_{n=1}^{N} q_{i,\,j,\,k,\,n} = SS_{i,\,j,\,k}(\Delta r_j \Delta c_i \Delta v_k)\frac{(h_{i,\,j,\,k}^m - h_{i,\,j,\,k}^{m-1})}{t_m - t_{m-1}}$$

$$(3.3\text{-}23)$$

通过对含水层渗流分析数学模型及表达式的不断改变和调整，获得以上向后差分方程，该方程的获得，可作为本数值分析中的偏微分方程来模拟数学模型。

（3）含水层渗流分析数学模型的求解

根据以上模型建立的过程和分析，若想对式（3.3-23）进行求解，相当于在 t_m 时刻将存在七个未知量，分别为目标单元六个临面的水头和外界补给水头，所以无法进行求解。但是若对研究对象的所有单元进行整体分析，即可知每个单元体都只有一个未知量，由此，可以形成通过 n 个方程形成的方程组来求解 n 个未知量，在此基础上，根据已知的实际工程的初始参数、边界条件、外界水源补给情况等水文和工程地质条件，就可以通过迭代计算求得方程组的解，经移项，由式（3.3-23）可获得式（3.3-24）：

$$CV_{i,\,j,\,k-1/2}h_{i,\,j,\,k-1}^m + CC_{i-1/2,\,j,\,k}h_{i-1,\,j,\,k}^m + CR_{i,\,j-1/2,\,k}h_{i,\,j-1,\,k}^m +$$
$$(-CV_{i,\,j,\,k-1/2} - CC_{i-1/2,\,j,\,k} - CR_{i,\,j-1/2,\,k} - CR_{i,\,j+1/2,\,k} -$$
$$CC_{i+1/2,\,j,\,k} - CV_{i,\,j,\,k+1/2} + HCOF_{i,\,j,\,k})h_{i,\,j,\,k}^m + CR_{i,\,j+1/2,\,k}h_{i,\,j+1,\,k}^m +$$
$$CC_{i+1/2,\,j,\,k}h_{i+1,\,j,\,k}^m + CV_{i,\,j,\,k+1/2}h_{i,\,j,\,k+1}^m = RHS_{i,\,j,\,k}$$

$$(3.3\text{-}24)$$

其中：

$$HCOF_{i,j,k} = P_{i,j,k} - SCI_{i,j,k}\big/t_m - t_{m-1}; \quad RHS_{i,j,k} = -Q_{i,j,k} - SCL_{i,j,k}h_{i,j,k}^{m-1}\big/t_m - t_{m-1};$$

$$SCI_{i,j,k} = SS_{i,j,k}\Delta r_j \Delta c_i \Delta v_k; \quad P_{i,j,k} = \sum_{n=1}^{N} p_{i,j,k,n}; \quad Q_{i,j,k} = \sum_{n=1}^{N} q_{i,j,k,n}。$$

将上式采用矩阵的形式进行表述，如下式：

$$Ah = q \tag{3.3-25}$$

式中　A——单元内所有节点的水头系数矩阵；

　　　h——单元内的所有节点在第 m 时刻的水头向量；

　　　q——单元内所有节点的常量 RHS 向量。

所以可将式（3.3-24）求解方程组的过程变为求解式（3.3-25）中 n 元线性代数方程组，即可获得每一个单元网格的水头值。

2）涌水量预测计算模型的建立与分析

根据已有的钻孔资料和水文地质资料，利用 Visual Modflow 软件对某隧洞掌子面涌水段进行了三维地质建模。并在计算模型范围内进行网格划分，模型底部边界取为隔水边界，地表边界采用降水入渗边界，四周边界取为通用水头边界。采用排水沟模块（Drain）模拟开挖后的隧洞，将模拟隧洞的底面高程设置为排水沟边界。各含水层参数按照表 3.3-1 取值，其中由上至下第 1 层为风积黄土层，第 2 层为砂质泥岩，第 3～5 层为凝灰质砂岩，在第 4 层中心位置设置排水沟边界模拟隧洞。

（1）在建立计算模型时，忽略隧洞开挖对模型的影响，遵照达西定律，把模型定义为稳定流，在边界条件的设置时，不考虑排水设施；

（2）计算模型运行时，模型中的水量补给以降水量的形式进行表述，所得到的数据就是隧洞在掘进前目标区内的初始水位，如图 3.3-8 所示。

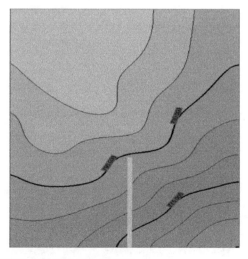

图 3.3-8　隧洞开挖前和开挖后隧址区地下水渗流场

（3）以上述计算过程获得的水位数据视为下一步计算中的初始水位，此时考虑排水设施，结合实际工程的工期设置，开展非稳定流的计算，然后可以利用软件自身的水流质量平衡分析，通过 Drain 模块获得计算结果。

根据以上模型计算的原理和步骤，可以获得该隧洞工程研究区内的隧洞涌水量为 $309m^3/h$，与隧洞渗漏段测得的涌水量 $290m^3/h$ 非常接近。

与有限单元法相比，在本工况的计算中，使用有限差分法进行隧洞涌水量预测最为接近实测值。同时，数值模拟方法相比较传统的涌水量预测方法，使用软件预测，可以随时调整，更具有操作性。

第4章 超高压预注浆灌浆加固机理及数值模型研究

4.1 不同类型浆液特性研究

浆液是注浆技术的核心，需根据加固地层结构、水量水流状态综合选取。高承压水条件下，工程中常用的水泥浆液、水泥-水玻璃浆液流变特性会产生较大变化，其适用性和经济性有待论证，其他工程使用效果较好的浆材有可能在本工程中难以达到预期的处理效果。

本章基于前期研发的普通膏浆、普通沥青浆液、稳定性浆液等研发基础，进行了浆液改性及研发。

4.1.1 流变性能缓变型浆液

1. 典型浆液配比及性能

典型浆液配比及结石性能如表 4.1-1 和表 4.1-2 所示。

典型浆液配比 表 4.1-1

编号	水固比	水泥	粉煤灰	黏土	水	水玻璃	氯化钙	分散剂
H-5	0.5~0.67	100	100	10~20	110~140	0~3	0~3	0~0.5
f-9	0.75~1	100	300	0~200	300~600	0~3	—	—
L-6	0.75~1	100	—	200~400	300~400	0~3	—	—

浆液性能及结石性能 表 4.1-2

编号	胶体率（%）	初凝时间（h）	终凝时间（h）	漏斗黏度（s）	塑性屈服强度(Pa)	塑性黏度(Pa·s)	抗折强度（MPa）	抗压强度（MPa）
H-5	96~100	12.4~24.0	16.7~32.5	26.2~滴流	5.6~49.5	0.15~0.38	0.5~0.6	6.7~9.7
f-9	71~100	15.0~33.5	28.0~76.5	19.2~滴流	0.2~174.0	0.01~1.24	0.1~0.4	0.9~4.3
L-6	100	8.8~20.3	21.0~52.0	滴流	>88	>0.34	0.03~0.13	1.1~1.6

由配比可以看出，浆液的水化、硬化过程主要是水泥的水化和硬化。而水泥材料是一个十分复杂的多相多组分非均质体系，水泥硬化体是一个逐渐形成和发展的晶体、凝胶体、气孔等多相、多孔结构体系，并具有微观、亚微观、宏观等多层次和纳米、亚微米、微米、毫米等多尺度结构特征。浆液的凝结时间较长，典型配比的初凝时间最短也在 8h 以上，对于动水条件下的大孔（裂）隙堵漏非常不利，当水流速度较大时，浆液易被水流

稀释、冲走，造成灌浆材料的浪费。

2. 水泥影响分析

为了提高浆液性能的稳定性，选用两种不同水泥，进行性能试验研究。A牌普通硅酸盐水泥（P·O42.5）（以下简称"A水泥"）、B牌普通硅酸盐水泥（P·O42.5）（以下简称"B水泥"）。

如图 4.1-1、图 4.1-2 所示，A、B 两种水泥颗粒粒度累积曲线均较为光滑，不存在明显的拐点和平直线，颗粒级配良好：①A、B 水泥最大粒径基本相当，均为 $107\sim120\mu m$ 范围内；②A 水泥平均粒径约为 $24.63\mu m$，B 水泥平均粒径约为 $22.86\mu m$，B 水泥平均粒径稍小于 A 水泥；③A 水泥比表面积为 $6466cm^2/cm^3$，B 水泥比表面积为 $7831cm^2/cm^3$，A 水泥比表面积稍小于 B 水泥；④A 水泥 D_{95} 的粒径为 $67.46\mu m$，B 水泥 D_{95} 的粒径为 $65.72\mu m$，A 水泥 D_{95} 的粒径稍大于 B 水泥。

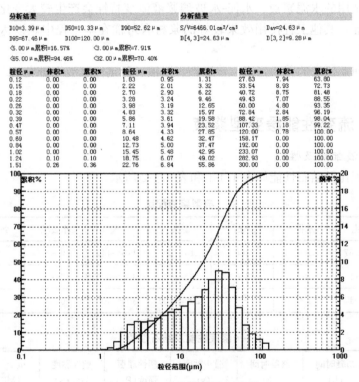

图 4.1-1　A水泥粒径分析曲线

1）浆液比重

由表 4.1-3 可知，在相同水灰比条件下比重较为接近。

浆液比重测定成果　　　　　　　　　　　　　　　　　　　表 4.1-3

配比	浆液比重	
	A水泥	B水泥
1	1.63	1.65
2	1.82	1.87

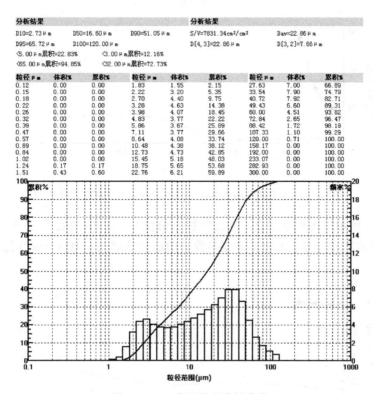

图 4.1-2 B 水泥粒径分析曲线

2）漏斗黏度、流变参数

如表 4.1-4、图 4.1-3 所示，A 水泥配比 1 浆液流变参数 τ 值较大，前 4h 内处于 1.7～2.8Pa 范围内，5h 后出现明显的增加趋势；配比 2 浆液流变参数 τ 值较大，且随时间增长较快。

A 水泥漏斗黏度、流变参数 表 4.1-4

配比	时间(min)	漏斗黏度(s)	流变参数	
			τ(Pa)	η(mPa·s)
1	5	19.0	1.79	12.70
	60	20.1	2.81	14.00
	105	20.3	2.51	16.00
	225	20.6	2.72	17.00
	345	22.6	14.41	16.80
	490	41.9	14.48	28.50
2	5	63.5	13.80	83.00
	20	89.2	18.40	82.00
	50	110.6	28.62	83.00
	80	156.1	55.19	84.00
	120	滴流	—	—

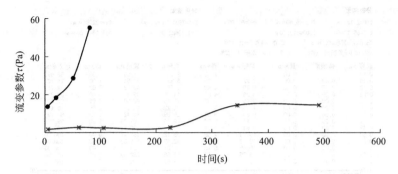

图 4.1-3　A 水泥不同水灰比浆液流变参数 τ 随时间变化曲线

如图 4.1-4 所示，A 水泥配比 1 流变参数 η 值较大，前 5h 内处于 12.5～17.0mPa·s，5h 后出现明显的增加趋势；配比 2 流变参数 η 值成数倍增大，但随时间变化不明显。

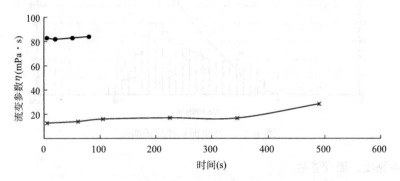

图 4.1-4　A 水泥不同水灰比浆液流变参数 η 随时间变化曲线

如图 4.1-5 所示，A 水泥配比 1 刚拌制的新鲜浆液漏斗黏度较大，约为 19～20.6s，5h 后开始增加，8h 后增至 41.9s，曲线上变化较为明显；配比 2 水灰比浆液无压条件下流动性明显变差，且随着时间的推移增加明显。

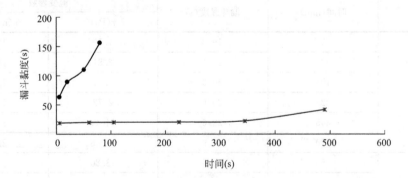

图 4.1-5　A 水泥不同水灰比浆液漏斗黏度随时间变化曲线

如表 4.1-5、图 4.1-6～图 4.1-8 所示，总的来看，开发的浆液流变性能较为稳定，受水泥种类影响较小，水泥漏斗黏度、流变参数均满足灌浆要求。

B 水泥漏斗黏度、流变参数 表 4.1-5

配比	时间(min)	漏斗黏度(s)	流变参数(旋转黏度计测定)	
			τ(Pa)	η(mPa·s)
1	5	19.0	0.77	14.00
	60	19.6	0.82	14.70
	120	19.7	1.28	14.50
	210	20.6	4.50	12.20
	300	21.8	6.18	11.90
	390	28.5	4.60	28.50
	480	33.8	5.11	33.50
2	5	68.5	42.41	90.00
	20	130.5	41.39	95.00
	50	滴流	50.08	91.00
	80	滴流	50.59	96.00
	120	滴流	—	—

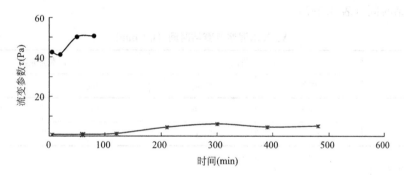

图 4.1-6 B 水泥不同水灰比浆液流变参数 τ 随时间变化曲线

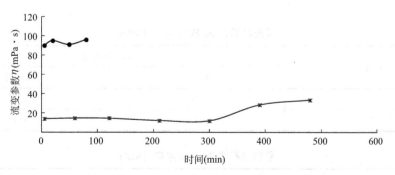

图 4.1-7 B 水泥不同水灰比浆液流变参数 η 随时间变化曲线

3）析水率

如表 4.1-6 所示，同水灰比条件下 A、B 两种水泥浆液析水率较为接近，差值在 10%
以内。

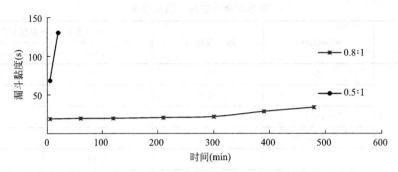

图 4.1-8　B 水泥不同水灰比浆液漏斗黏度随时间变化曲线

浆液析水率（%）　　　　　　　　　　　表 4.1-6

配比	普通硅酸盐水泥浆液析水率	
	A 水泥	B 水泥
1	5	5
2	2	1

4）凝结时间（表 4.1-7）

A、B 水泥浆液凝结时间（h：min）　　　　表 4.1-7

配比	A 水泥浆液		B 水泥浆液	
	初凝	终凝	初凝	终凝
1	5：30	7：35	4：05	7：15
2	4：30	6：15	3：15	5：45

5）抗折强度

对浆液结石体 3d、7d、28d 抗折强度进行了试验，具体结果如表 4.1-8～表 4.1-10 所示。

浆液结石体 3d 抗折强度（MPa）　　　　　表 4.1-8

配比	3d 抗折强度	
	A 水泥	B 水泥
1	2.98	2.43
2	5.02	5.85

浆液结石体 7d 抗折强度（MPa）　　　　　表 4.1-9

配比	7d 抗折强度	
	A 水泥	B 水泥
1	5.33	3.41
2	7.38	6.97

浆液结石体 28d 抗折强度（MPa）　　　　　　　表 4.1-10

配比	28d 抗折强度	
	A 水泥	B 水泥
1	5.35	5.78
2	7.42	8.12

浆液结石体抗折强度随时间增长关系见图 4.1-9、图 4.1-10（图中纵坐标以 28d 强度为基础计算）。

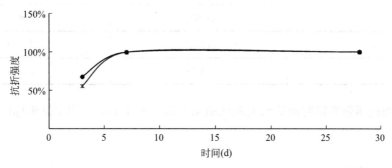

图 4.1-9　不同水灰比 A 水泥浆液结石体抗折强度随时间增长曲线

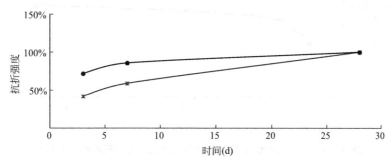

图 4.1-10　不同水灰比 B 水泥浆液结石体抗折强度随时间增长曲线

6）抗压强度

浆液结石体 3d、7d、28d 抗压强度进行了试验，具体结果如表 4.1-11～表 4.1-13 所示。

浆液结石体 3d 抗压强度（MPa）　　　　　　　表 4.1-11

配比	3d 抗压强度	
	A 水泥	B 水泥
1	9.66	8.55
2	19.89	19.86

<table>
<tr><td colspan="3" align="right">浆液结石体 7d 抗压强度（MPa）　　　　　　　表 4.1-12</td></tr>
</table>

配比	7d 抗压强度	
	A 水泥	B 水泥
1	14.08	12.46
2	30.45	31.58

浆液结石体 28d 抗压强度（MPa）　　　　　　　表 4.1-13

配比	28d 抗压强度	
	A 水泥	B 水泥
1	15.93	16.70
2	35.23	33.35

两种水泥抗压强度随时间增长关系见图 4.1-11、图 4.1-12，图中纵坐标以 28d 强度为基础计算。

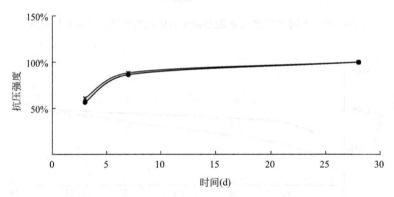

图 4.1-11　不同配比 A 水泥浆液结石体抗压强度随时间增长曲线

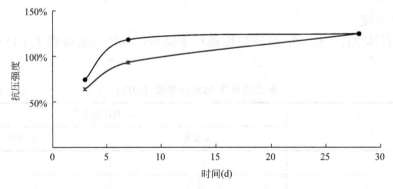

图 4.1-12　不同配比 B 水泥浆液结石体抗压强度随时间增长曲线

7）弹性模量（表 4.1-14）

浆液结石体弹性模量（MPa）　　　　　　　　　表 4.1-14

配比	浆液结石体弹性模量	
	A 水泥	B 水泥
1	1699.04	1473.18
2	1888.27	1648.90

8）干密度（表 4.1-15）

浆液结石体干密度（g/cm³）　　　　　　　　　表 4.1-15

配比	浆液结石体干密度	
	A 水泥	B 水泥
1	1.35	1.24
2	1.71	1.58

9）干缩率（表 4.1-16）

普通硅酸盐水泥结石体干缩率（$\times 10^{-3}$）　　　　表 4.1-16

配比	A 水泥		B 水泥	
	7d	28d	7d	28d
1	-0.181	-1.643	-0.173	-1.529
2	-0.062	-0.988	-0.055	-0.976

10）抗渗强度等级和渗透系数（表 4.1-17）

普通硅酸盐水泥结石体抗渗试验成果　　　　　　表 4.1-17

配比	A 种水泥		B 种水泥	
	抗渗强度等级	渗透系数（10^{-7}cm/s）	抗渗强度等级	渗透系数（10^{-7}cm/s）
1	W6	0.44	W6	0.34
2	>W9	—	>W9	—

11）不同压力条件下浆液结石体性能

试验分别测定了 A、B 两种水泥普通硅酸盐水泥各两配比等级的浆液，分别在 0.3MPa、0.5MPa、0.8MPa 压力等级（浆液析水长度为 20cm）下作用 30min、60min 后结石体 28d 抗折强度、抗压强度及抗渗强度等级和渗透系数，具体如下。

（1）抗折强度

如表 4.1-18 所示，较自重作用而言，在压力条件下浆液结石体抗折强度明显增加；压力等级高、作用时间长，结石体抗折强度高；同种水泥、同压力等级、相同作用时间时，不同配比条件下结石体抗折强度基本一致。

压力作用下浆液结石体 28d 抗折强度 表 4.1-18

水泥种类	配比	无压力	0.3MPa 压力		0.5MPa 压力		0.8MPa 压力	
			30min	60min	30min	60min	30min	60min
A	1	5.35	5.94	7.26	7.32	8.31	10.12	11.19
	2	7.42	7.49	7.55	8.10	8.23	9.56	11.00
B	1	5.78	8.52	12.04	11.90	>12.5	>12.5	>12.5
	2	8.12	8.69	12.20	>12.5	>12.5	>12.5	>12.5

（2）抗压强度

如表 4.1-19 所示，较自重作用而言，在压力条件下浆液结石体抗压强度明显增加，大水灰比浆液 0.8MPa 压力 60min 作用时间条件下结石体强度为无压力条件下结石体的 5 倍以上，小水比浆液达 2 倍左右；压力等级高、作用时间长，结石体抗压强度高；同种水泥、同压力等级、相同作用时间时，不同水灰比条件下结石体抗压强度基本一致。

压力作用下浆液结石体 28d 抗压强度 表 4.1-19

水泥种类	配比	无压力	0.3MPa 压力		0.5MPa 压力		0.8MPa 压力	
			30min	60min	30min	60min	30min	60min
A	1	15.93	53.71	70.50	67.29	69.31	64.30	70.08
	2	35.23	53.29	64.32	55.04	72.85	62.07	74.32
B	1	16.70	53.13	69.44	64.20	75.19	63.98	75.06
	2	33.35	51.96	71.72	59.11	77.01	68.19	75.18

（3）抗渗强度等级和渗透系数

分别在 0.3MPa、0.5MPa、0.8MPa 压力下作用 30min、60min 后，28d 龄期结石体在 1.4MPa 压力作用下均未出现渗漏，抗渗性能良好。

4.1.2　新型速凝膏浆

普通水泥膏浆的凝结时间较长，典型配比的普通水泥膏浆初凝时间最短也在 8h 以上，当水流速度较大时，浆液易被水流稀释、冲走，造成灌浆材料的浪费。

如图 4.1-13 所示，开发了抗水流冲刷能力强的，凝结时间可调、可控的速凝膏浆，采用唐山冀东水泥有限公司生产的 42.5 硅酸盐水泥、河北宣化东升化工有限公司生产的钠基膨润土、自配的增黏促凝剂及组分 A 配制而成。

1. 试验内容及方法

主要对不同配比速凝膏浆浆液的凝结时间及可灌时间、流变参数、塑性强度及结石体强度等对浆液抗冲性能影响较大的参数进行了试验。

1）凝结时间与可灌时间

凝结时间试验参照《水泥标准稠度用水量、凝结时间、安定性检验方法》GB/T 1346—2011 进行测定。

实际灌浆工程中浆液需要具有一定的流动性和可灌性才能通过灌浆泵送设备将浆液灌入指定位置。而当浆液达到规范要求的初凝时间时，浆液早已丧失流动性，已不可灌。因

图 4.1-13　速凝膏浆

此，定义了浆液的可灌时间为浆液丧失流动性时间（每隔一定时间将装有浆液的烧杯倾斜45°，当倾斜烧杯浆液形状不变时，即为浆液丧失流动性时间）。

2）流变参数

浆液在地层中的运动规律和地下水的运动规律相似，不同之处在于浆液具有黏度。浆液的流变性反映了浆液在外力作用下的流动性，浆液的流动性越好，浆液流动过程中压力损失越小，浆液在岩土中扩散得越远。反之，浆液流动过程中压力损失大，浆液不易扩散。在灌浆过程中，一般要求浆液具有良好的流变性，从而可以扩散到更远的距离；但对于大通道堵漏灌浆，则要求浆液具有较小的流变性，以便控制浆液的扩散距离，从而降低浆材的损耗。

测定浆液等流体流变参数的仪器和方法较多，目前主要有同轴圆筒旋转式黏度计和压力管式黏度计两种类型。对于研发的速凝膏浆，浆液的塑性屈服强度和塑性黏度大，超过了常用黏度计的测量范围。经过调研和试验，研究选用了 RheolabQC 旋转流变仪进行速凝膏浆流变参数的测定。

3）塑性强度及结石体强度

圆锥体在重力作用下下沉到所测浆体中，当处于平衡时沿锥面所受的剪应力即为浆体的塑性强度。

膏浆固结体的抗压强度试验参照《水泥胶砂强度检验方法（ISO 法）》GB/T 17671—2021 方法进行，使用 40mm×40mm×160mm 试模成型。

2. 试验成果

确定了浆液各成分的范围，采用固定三个因素，变化另一因素的方法，在实验室做了大量浆液配比范围的试验，在此基础上又做了多组浆液正交试验，从中找出各因素水平的变化对浆液性能影响的规律及各因素之间的相互影响规律，并最终确定浆液各组分的比例。

1）A 成分掺量影响

A 成分不同掺量的速凝膏浆的物理及力学性能试验结果如表 4.1-20 所示。

A 成分不同掺量的速凝膏浆性能试验结果　　　　　　　　　　表 4.1-20

编号	A 掺量（%）	可灌时间（min）	初凝时间（min）	流变参数		抗压强度（MPa）		
				塑性屈服强度（Pa）	塑性黏度（mPa·s）	1d	3d	28d
1	30	20	60	456	850	2.0	6.3	19.8
2	60	16	35	520	970	2.5	7.2	17.0
3	80	12	25	580	1100	2.6	7.7	16.7
4	100	18	40	565	1020	2.2	9.8	17.1

注：膨润土掺量 15%，外加剂掺量 0.5%，水固比 0.6：1。

　　在一定掺量范围内，随着 A 掺量的增加，浆液的可灌时间和初凝时间都相应缩短，浆液的塑性屈服强度和塑性黏度相应增加。浆液初始屈服强度的增加和凝结时间缩短不仅可以防止浆液扩散过远，提高浆材的利用率，还可以提高浆液的抗水流冲击能力。但 A 掺量超过 80% 时，浆液的可灌时间和初凝时间又开始增加，A 的推荐掺量为 60%～80%，速凝膏浆的可灌时间在 15min 左右，初凝时间在 30min 左右。膏浆结石体具有较高的早期强度，随着龄期增加，膏浆结石体的抗压强度逐渐增大。

　　2）水固比影响

　　不同水固比的速凝膏浆的物理及力学性能试验结果如表 4.1-21 所示。

不同水固比的速凝膏浆性能试验结果　　　　　　　　　　表 4.1-21

编号	水固比	可灌时间（min）	初凝时间（min）	流变参数		抗压强度（MPa）		
				塑性屈服强度（Pa）	塑性黏度（mPa·s）	1d	3d	28d
5	1：1	35	70	200	406	0.8	5.4	8.6
6	0.8：1	30	60	350	680	1.2	6.5	14.3
7	0.7：1	20	40	400	806	1.7	6.7	15.1
8	0.6：1	16	35	520	970	2.5	7.2	17.0
9	0.5：1	12	30	560	1060	3.2	8.5	20.5

注：A 掺量 60%，膨润土掺量 15%，外加剂掺量 0.5%。

　　随着水固比的增大，浆液的可灌时间和初凝时间均增加，浆液的塑性屈服强度和塑性黏度相应减小，初凝时间延长不利于动水条件下的灌浆堵漏。浆液水固比减小，塑性屈服强度增多，凝结时间缩短，浆液初始屈服强度的增加和凝结时间缩短对搅拌和泵送设备要求更高，对施工水平要求更高，容易出现堵孔和堵管事故。

　　现场灌浆施工时推荐水固比为 0.6：1～0.7：1。

　　3）膨润土掺量影响

　　不同膨润土掺量的速凝膏浆的物理及力学性能试验结果如表 4.1-22 所示。

　　随着膨润土掺量的增大，浆液的塑性屈服强度和塑性黏度相应增加，但浆液的可灌时间和初凝时间也相应增加，初凝时间延长不利于动水条件下的灌浆堵漏。速凝膏浆中膨润土的推荐掺量为 15%～20%。

不同膨润土掺量的速凝膏浆性能试验结果　　　　　　　　表 4.1-22

编号	膨润土掺量(%)	可灌时间(min)	初凝时间(min)	流变参数		抗压强度(MPa)		
				塑性屈服强度(Pa)	塑性黏度(mPa·s)	1d	3d	28d
10	10	10	25	247	358	3.1	8.7	24.6
11	15	16	35	520	970	2.5	7.2	17.0
12	20	18	45	560	1040	1.7	6.1	14.5
13	40	40	80	650	1260	0.9	5.6	11.4

注：A 掺量 60%，外加剂掺量 0.5%，水固比 0.6：1。

3. 新型速凝膏浆外加剂研发

1）外加剂组成

外加剂的选择，一方面要考虑外加剂添加到水泥浆液中后能促进浆液凝结，并能较准确地控制浆液的凝结时间；另一方面，添加外加剂后要能增加浆液的黏度，提高浆液的黏聚力（屈服剪切强度），减少浆液的流动性，从而提高浆液的抗水流冲释性能。

通过室内配比试验发现，单一外加剂不能达到要求的膏浆性能指标。综合考虑外加剂的掺量、价格及外加剂与水泥浆液间的相容性，选用了由两种水泥促凝剂、一种早强剂和两种增黏剂混合而成的复合外加剂。考虑到运输和储存，促凝剂、早强剂和增黏剂全部采用粉状（图 4.1-14）。

图 4.1-14　掺外加剂的新型速凝膏浆

通过一系列室内配比试验，速凝膏浆复合外加剂的组成及含量如表 4.1-23 所示。

复合外加剂的组成　　　　　　　　表 4.1-23

外加剂种类	组成及含量				
	促凝剂 A	促凝剂 B	早强剂	增黏剂 A	增黏剂 B
速凝型	1~1.5	2~2.5	1~2	1~1.5	2~3

注：组成配比为重量比。

2）特性试验

（1）外加剂掺量的影响（表 4.1-24）

不同外加剂掺量的速凝膏浆性能试验结果 表 4.1-24

编号	外加剂掺量（%）	可灌时间（min）	初凝时间（min）	流变参数		抗压强度（MPa）		
				塑性屈服强度（Pa）	塑性黏度（mPa·s）	1h	1d	3d
G1	1	40	75	324	586	—	10.5	20.8
G2	3	18	35	860	1520	0.6	13.8	24.6
G3	5	15	25	1540	2560	1.5	15.1	25.5
G4	7	20	40	1650	2680	1.4	14.4	23.4

注：水灰比 0.5：1，温度为室温。

掺入复合外加剂后水泥膏浆的黏度增加很大，随着外加剂掺量的增加，浆液黏度逐渐增大，但黏度过大，会使浆液的流动性变差，浆液的搅拌和泵送困难，复合外加剂掺量在 3%～5% 时浆液的黏度和可施工性较为合适，速凝膏浆的初凝时间可在 25～35min 之间调节，且固结体的 1h 抗压强度可达 0.5MPa 以上，能抵御一定流速的水流冲击。

（2）水灰比影响（表 4.1-25）

不同水灰比的速凝膏浆性能试验结果 表 4.1-25

编号	水灰比	可灌时间（min）	初凝时间（min）	初凝时间（水中）（min）	流变参数		抗压强度（MPa）	
					塑性屈服强度（Pa）	塑性黏度（mPa·s）	1h	1d
G5	0.45：1	12	20	25	1630	2650	1.6	16.6
G6	0.5：1	15	25	30	1540	2560	1.5	15.1
G7	0.6：1	20	40	50	840	1520	—	10.2
G8	0.7：1	45	70	80	280	550	—	6.5

注：外加剂掺量 5%，温度为室温。

掺入外加剂后浆液的流变参数均比纯水泥浆有很大提高，浆液的初始屈服强度均大于 200Pa，初始塑性黏度均大于 500mPa·s，表明所掺外加剂具有较强的增黏效果，可以使浆液在水中不分散，提高浆液的整体抗水流冲击性能。掺入外加剂溶液后，浆液在空气中和水中的凝结时间相差不大，浆液具有很好的水下不分散性，水未能进入浆液的内部。

掺入外加剂后浆液的析水率均为 0，随着水灰比的增大，浆液的可灌时间和初凝时间均增加，浆液的塑性屈服强度和塑性黏度相应减小，初凝时间延长不利于动水条件下的灌浆堵漏，掺复合外加剂的新型速凝膏浆推荐水灰比为 0.5：1。

4. 新型速凝膏浆环保性检测

随着社会的发展与进步，各类岩土建筑工程由以功能性为主，逐渐改变为在保证既有功能的前提下，实现人与自然和谐相处，合理利用资源，让人类活动与生态环境协调起来。对于水利工程来说，已由单一的防洪抗旱转变为开发利用保护互相结合，使之与人类社会的生存和发展更为协调，实现水资源的可持续利用。由此，对于水利、建筑材料的环保性能提出来新的要求，若实现灌浆材料广泛的应用，其必须符合环保型材料的环保要求。

速凝膏浆浆液结石体必然会与水体产生接触，其对周围水体的水质是否会产生影响，是本部分进行监测的重点。根据《生活饮用水卫生标准》GB 5749—2006，对浸泡浆液结石体 3d 的纯净水进行水质检测，主要检测内容为水的毒理指标检测。通过第三方检测机构，检测结果均符合要求。

4.1.3　改性低热沥青浆液

热沥青灌浆是利用沥青"加热后变为易于流动的液体、冷却后又变为固体"的物理性能而达到堵漏的目的。沥青浆液与水不互溶，当沥青被加热成流态时，浆液具有良好的流动性和可灌性，通过灌浆泵进入渗漏部位后，遇水发生冷凝作用，逐渐黏附在渗透通道表面，堵塞漏水通道。

1. 本研究需解决的问题

（1）沥青加热温度高

目前国内几个采用沥青灌浆堵漏的工程应用实例中，沥青的加热温度在 180℃左右，有的达到了 200℃以上，沥青加热温度高、能耗大，在加热时若温度控制不准，容易达到沥青的闪点和燃点，导致沥青燃烧而酿成事故。

（2）温度敏感性高

沥青浆液在高温时黏度较低，流动性好，但当温度降低时，浆液不能在一定时间内保持其原有的流动性，特别是遇冷水后，浆液的黏度迅速增大，流动性迅速降低，容易堵塞注浆管路，造成堵管或堵孔等灌浆事故。

（3）施工工艺复杂

沥青灌浆浆液配制的加热系统一般由沥青加热锅、柴油加热锅和沥青过滤锅组成，灌浆前需要进行热柴（机）油预热管路，灌浆后还要进行热柴（机）油冲洗管路，施工工序多，工艺复杂。

（4）灌浆过程可控性较差

沥青灌浆在施工中基本上都是采取在现场用沥青锅明火加热，加热温度控制性差、自动化程度低，灌浆过程的可控性差。

2. 浆液性能试验

1）灌浆沥青的比选

（1）沥青材料组成及性能

沥青是一种有机胶凝材料，是由一些极其复杂的高分子碳氢化合物及其非金属（氧、氮、硫等）衍生物所组成的混合物，不溶于水，但能溶于 CS_2、CCl_4、CH_4Cl_3、苯等有机溶剂中。沥青按化学组分分为油质、树脂质和沥青质三组分或饱和分、芳香分、胶质和沥青质四组分。

石油沥青是目前应用最为广泛的沥青材料，主要由碳（80%～87%）和氢（10%～15%）两种化学元素组成，其次是氧、硫、氮等元素（<3%），此外还含有一些镍、钒、铁、锰等金属元素（含量约占 5%），其闪点在 240～330℃之间，燃点比闪点高 3～6℃。

沥青的物理性质主要包括密度、针入度、延伸度和软化点等，其中针入度、延伸度和软化点为道路沥青的三大控制指标，影响沥青性能的主要因素为温度、时间、荷载和各种介质的作用等。

（2）灌浆沥青的选用

灌浆沥青的选用需要综合考虑沥青的热性能（软化点、闪点、燃点、热膨胀性）、力学性能、使用性能、材料来源及价格等多个方面。从沥青的软化点考虑，低软化点沥青加热时易转化成流动的液体，加热所需的能量和时间都较少，施工成本较低，但软化点过低，热沥青浆液遇冷水时的冷却速度较慢，灌入渗漏孔隙后的沥青浆液难以重新凝结；若软化点过高，则其加热熔化时所需的温度高、耗能大，热沥青浆液遇水很快凝固，达不到有效的充填范围。而从闪点和燃点方面考虑，闪点和燃点越低，沥青加热时就越不安全，所以宜选用闪点较高的沥青作为灌浆材料。考虑到热沥青浆液灌入孔隙凝结成堵塞体后，会同时受到温度应力、水压力和约束变形荷载等作用，需要选择具有良好低温变形能力和粘结能力的沥青作为灌浆材料。

由表 4.1-26～表 4.1-29 可知，建筑石油沥青和专用沥青软化点高、延度小、塑性变形能力差，不适合用作灌浆材料；道路 70 号、90 号、110 号及水工 70 号和 90 号沥青较适合用作灌浆堵漏。综合考虑沥青材料的性能、来源和价格，试验选用了道路 70 号和水工 90 号两种沥青作为改性热沥青灌浆的基质沥青。

道路石油沥青技术指标 表 4.1-26

指标	沥青等级						
	160 号	130 号	110 号	90 号	70 号	50 号	30 号
针入度(0.1mm)	140～200	120～140	100～120	80～100	60～80	40～60	20～40
软化点(℃),≥	36	39	42	43	44	46	53
60℃黏度(Pa·s),≥	—	60	120	160	180	200	260
25℃延度(cm),≥	100	100	100	100	100	80	50
蜡含量(%),≤	3.0	3.0	3.0	3.0	3.0	3.0	3.0
闪点(℃),≥	230			245		260	
溶解度(%),≥	99.5						

建筑石油沥青技术指标 表 4.1-27

项目	质量指标			试验方法
	10 号	30 号甲	30 号乙	
针入度(0.1mm)	5～25	21～40	21～40	GB/T 4509
25℃延度(cm),≥	1.5	3	3	GB/T 4508
软化点(℃),≥	95	70	60	GB/T 4507
溶解度(%),≥	99～99.5			GB/T 11148
闪点(℃),≥	230			GB/T 267

水工沥青技术指标　　　　　　　　表 4.1-28

沥青标号		90 号		70 号		50 号	
沥青等级		甲	乙	甲	乙	甲	乙
针入度(0.1mm)		81～100		61～80		41～60	
软化点(℃),≥		45～50		47～56		50～60	
延度(cm),≥	100	100	100	80	80	60	—
	100	—	—	—	—	—	—
闪点(℃),≥		200		200		230	
溶解度(%),≥		99		99		99	

专用沥青的技术要求　　　　　　　　表 4.1-29

沥青品种	防腐沥青		电缆沥青		绝缘沥青		油漆沥青
沥青等级	1 号	2 号	1 号	2 号	90 号	110 号	
针入度(0.1mm)	15	5	35		—	—	3～8
软化点(℃),≥	95～110	125～140	85～100		85～95	105～115	125～140
25℃延度(cm),≥	2	1	1.0		—	—	—
闪点(℃),≥	230		260		240	240	260
溶解度(%),≥	99		—		99	99	99.5

2）改性热沥青浆液性能试验

（1）试验目的及试验原材料

试验目的：通过向基质沥青中加入外加剂降低沥青的软化点和黏度，提高浆液的可灌性。

选择了 2 种基质沥青、3 种液体改性剂和 3 种固体改性剂作为灌浆改性沥青的改性剂（表 4.1-30、表 4.1-31）。

基质沥青主要性能指标　　　　　　　　表 4.1-30

试验项目	沥青品种		试验标准	备注
	水工沥青	道路沥青		
密度(g/cm³)	0.980	1.041	GB/T 0603	15℃
针入度(0.1mm)	88.5	65.8	GB/T 4509	100g,5s;25℃
软化点(℃)	45.4	46.2	GB/T 4507	环球法
黏度(mPa·s)	385	445	GB/T 0625	135℃
延度(cm)	＞150	＞150	GB/T 5304	5cm/min;25℃

改性剂主要性能指标　　　　　　　　表 4.1-31

改性剂名称	密度(g/m³)	凝固点(℃)	熔点(℃)	备注
GL1	0.880	≤0	—	液体
GL2	0.781	—	—	液体

续表

改性剂名称	密度(g/m³)	凝固点(℃)	熔点(℃)	备注
GL3	0.842	—	—	液体
GS1	0.889	—	58	球形颗粒
GS2	0.940	—	96	扁平状颗粒
GS3	0.921	—	98	粉末状固体

（2）试验内容及方法

浆液的可灌性、流动性和扩散性是非常重要的性能指标，对改性沥青的密度、软化点和黏度三项指标进行了试验。

密度：按照 GB/T 8928 测定。

软化点：按照 GB/T 4507 进行。

黏度：采用 NDJ-4 旋转黏度计进行测定，测定时采用油浴保持测定沥青的温度。

（3）试验结果与分析

① 基质沥青改性试验

试验结果如表 4.1-32～表 4.1-35、图 4.1-15～图 4.1-26 所示。所选用的 6 种改性剂的密度都小于 1.0g/cm³，添加改性剂后沥青密度均比基质沥青密度低，且随着掺量的增加改性沥青的密度逐渐减小。所选用的 3 种液体改性剂和 GS1 固体改性剂对降低沥青的软化点效果明显，且随着掺量的增加，改性沥青的软化点逐渐降低。改性沥青在 80℃时即具有较好的流动性和可灌性，较常规的灌浆沥青加热时间短、能耗少。

水工改性沥青密度和软化点试验结果　　　　　　　　　　表 4.1-32

编号	改性剂	掺量(%)	密度(g/cm³)	软化点(℃)
SL0	—	—	0.980	45.4
SL1	GL1	3	0.972	42.3
SL2		6	0.955	39.6
SL3		10	0.932	37.8
SL4	GL2	3	0.941	43.6
SL5		6	0.924	39.8
SL6		10	0.905	38.6
SL7	GL3	3	0.951	43.1
SL8		6	0.932	38.5
SL9		10	0.911	37.2
SL10	GS1	3	0.980	42.5
SL11		5	0.961	39.6
SL12		8	0.941	38.3
SL13		10	0.934	38.0

续表

编号	改性剂	掺量(%)	密度(g/cm³)	软化点(℃)
SL14		1	0.981	46.5
SL15	GS2	2	0.973	47.2
SL16		3	0.965	48.2
SL17		4	0.941	49.1
SL18		1	0.972	47.3
SL19	GS3	2	0.961	48.5
SL20		3	0.958	51.3
SL21		4	0.939	52.2

道路改性沥青密度和软化点试验结果　　　　表 4.1-33

编号	改性剂	掺量(%)	密度(g/cm³)	软化点(℃)
DL0	—	—	1.041	46.2
DL1		3	1.032	43.1
DL2	GL1	6	1.028	39.5
DL3		10	1.015	37.6
DL4		3	1.035	44.2
DL5	GL2	6	1.013	39.8
DL6		10	0.986	38.3
DL7		3	1.032	43.2
DL8	GL3	6	1.023	38.9
DL9		10	1.011	38.0
DL10		3	1.032	42.5
DL11	GS1	5	1.028	40.6
DL12		8	1.021	38.9
DL13		10	1.012	38.2
DL14		1	1.041	47.5
DL15	GS2	2	1.033	47.9
DL16		3	1.022	48.4
DL17		4	1.019	52.6
DL18		1	1.042	47.2
DL19	GS3	2	1.033	48.7
DL20		3	1.018	49.4
DL21		4	1.008	53.8

水工改性沥青不同温度下的黏度试验结果 表 4. 1-34

编号	黏度(mPa·s)					
	60℃	80℃	90℃	100℃	120℃	135℃
SL0	180000	26200	13800	4100	1200	385
SL1	144000	21200	12600	3500	1180	365
SL2	88000	12600	8900	2800	1060	360
SL3	62000	7400	6200	2300	960	350
SL4	142000	21600	12500	4000	1160	370
SL5	82000	12800	9600	3860	980	355
SL6	55000	7200	6000	3120	920	345
SL7	156000	27600	15400	3900	1160	360
SL8	92000	12820	8600	3300	1060	345
SL9	65800	8260	8100	2850	950	340
SL10	160000	24000	16400	3600	1100	380
SL11	80000	10500	8200	2200	940	340
SL12	56000	8800	5600	1700	820	320
SL13	34000	7600	2800	1500	805	310
SL14	256000	28300	16100	3820	980	360
SL15	286000	48000	18700	3200	800	300
SL16	296000	98000	24500	2760	720	250
SL17	298000	156000	29600	2520	700	240
SL18	248000	28800	15800	4620	1060	380
SL19	266000	49400	19300	4240	890	325
SL20	288000	112000	25400	2860	720	290
SL21	308600	168000	28800	2650	730	280

道路改性沥青不同温度下的黏度试验结果 表 4. 1-35

编号	黏度(mPa·s)					
	60℃	80℃	90℃	100℃	120℃	135℃
DL0	240000	32800	22400	9600	2600	445
DL1	152000	23200	16800	5500	1980	425
DL2	96000	14600	9400	4600	1200	410
DL3	66200	8400	6800	2200	980	390
DL4	162000	22800	17500	6400	1880	420
DL5	86000	14200	9000	4860	1280	395
DL6	62000	7800	6300	3100	880	380
DL7	166000	28200	16800	5900	2180	430
DL8	106000	14840	9100	4300	1260	405
DL9	68500	8680	7100	2820	950	390

续表

编号	黏度(mPa·s)					
	60℃	80℃	90℃	100℃	120℃	135℃
DL10	160000	24600	17500	5200	2000	400
DL11	82000	11200	9000	2800	1600	370
DL12	61300	9400	6500	2000	1100	320
DL13	36000	8000	3100	1600	500	310
DL14	286000	41000	34400	3100	760	420
DL15	294000	44500	32000	2700	680	390
DL16	305000	46800	32860	2400	640	360
DL17	312000	52100	33400	2200	610	330
DL18	276000	45600	34800	3300	760	440
DL19	298000	45900	33200	2800	690	410
DL20	301400	46800	34880	2580	790	370
DL21	326000	53800	35400	2460	750	350

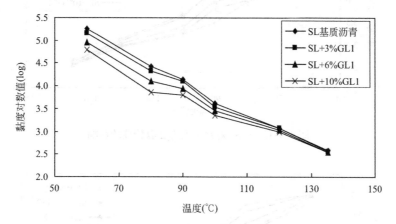

图 4.1-15 GL1 对水工沥青黏温特性的影响

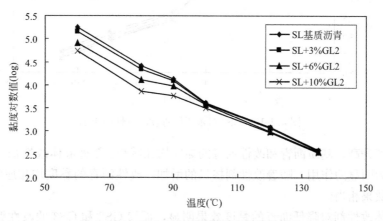

图 4.1-16 GL2 对水工沥青黏温特性的影响

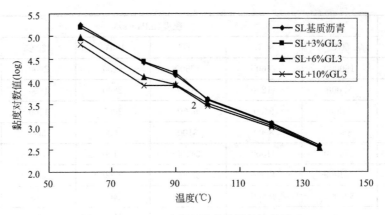

图 4.1-17　GL3 对水工沥青黏温特性的影响

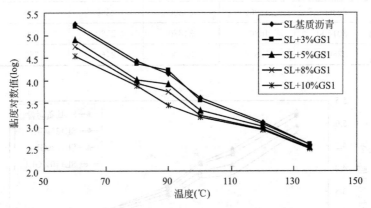

图 4.1-18　GS1 对水工沥青黏温特性的影响

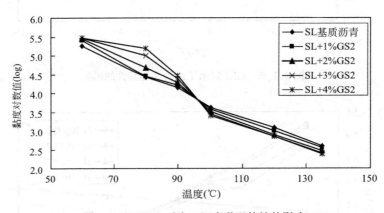

图 4.1-19　GS2 对水工沥青黏温特性的影响

随着温度升高，基质沥青和改性沥青的黏度均在减小。3 种液体改性剂对降低沥青的黏度均有较为明显的作用，随着改性剂掺量的增加，改性沥青的黏度均相应降低，3 种改性剂的降黏效果相当。

GS1 固体改性剂对降低沥青的黏度效果明显，而掺 GS2 和 GS3 的改性沥青黏温曲线

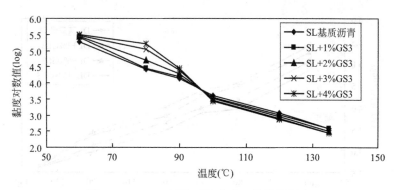

图 4.1-20　GS3 对水工沥青黏温特性的影响

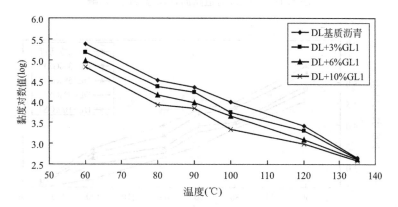

图 4.1-21　GL1 对道路沥青黏温特性的影响

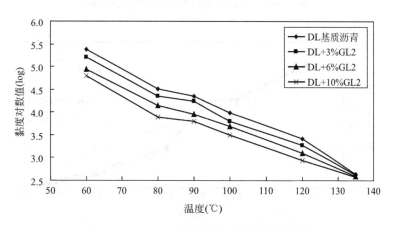

图 4.1-22　GL2 对道路沥青黏温特性的影响

在 90～100℃之间出现了转折点：小于转折点温度时，黏度随着改性剂掺量的增加而逐渐增大；当温度大于转折点时，黏度随着改性剂掺量的增加而减小，其主要原因是两种改性剂的熔点在 100℃左右，在温度高于熔点时，改性剂以液体的形式存在于沥青中，极大地降低了沥青的黏度，而在温度低于熔点时，改性剂则在沥青中结晶析出形成网状的品格结构，增大了沥青的黏度。当沥青灌浆温度达到 100℃时，两种改性剂的降黏效果明显。

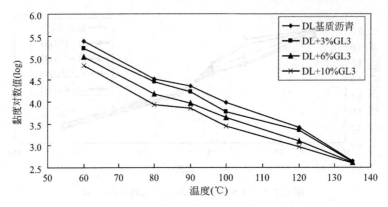

图 4.1-23　GL3 对道路沥青黏温特性的影响

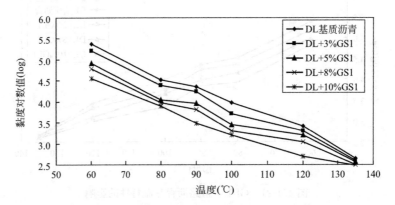

图 4.1-24　GS1 对道路沥青黏温特性的影响

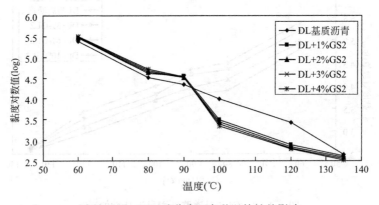

图 4.1-25　GS2 对道路沥青黏温特性的影响

　　试验过程中发现 3 种液体改性剂的掺量达到 6％时，改性沥青的凝固点也随之降低，改性沥青在常温下不凝固，不利于浆液的控制；GS1 改性剂掺量超过 8％时，改性沥青的粘结性能变差，遇水很快凝固，不利于浆液的扩散；掺入 GS2 和 GS3 的改性沥青，粘结性和韧性增强。因此液体改性剂的合适掺量为 6％左右，GS1 改性剂的合适掺量为 5％～8％，GS2 和 GS3 的合适掺量为 2％～3％。

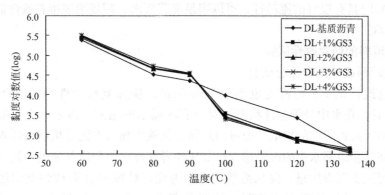

图 4.1-26　GS3 对道路沥青黏温特性的影响

考虑到改性剂的材料来源和成本，结合改性沥青的灌浆堵漏使用要求，经过多次试验研究开发了由 GL1、GS1 和 GS2 组成的复合改性剂 GF（表 4.1-36、图 4.1-27），其组成配比为 GL1∶GS1∶GS2＝（2～3）∶（5～8）∶（1～2）（重量比）。

掺 GF 改性剂的沥青性能试验结果　　　　　　　　　　　　　　　　表 4.1-36

编号	改性剂	掺量 （%）	密度 （g/cm³）	软化点 （℃）	黏度（mPa·s）			
					60℃	80℃	100℃	120℃
DF0	—	—	1.041	46.2	240000	32800	9600	2600
DF1		3	1.038	42.0	96000	19600	2120	1200
DF2	GF	6	1.031	38.5	51200	9700	1920	670
DF3		9	1.024	37.4	27500	6100	825	475
DF4		12	1.012	37.2	24800	5000	575	350

注：基质沥青为 70 号道路沥青。

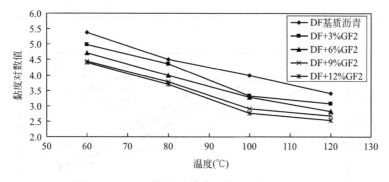

图 4.1-27　GF 掺量对道路沥青黏温特性的影响

复合改性剂对降低沥青的软化点和黏度效果显著，随着复合改性剂掺量的增加，改性沥青的软化点和黏度均相应降低，复合改性剂掺量在超过 6％时，改性沥青的软化点能降到 38℃左右，但改性剂掺量超过 9％时，软化点和黏度降低效果不明显。掺复合改性剂的改性沥青在 80℃时黏度小于 20000mPa·s，可泵性和可灌性好。应用中 GF 改性剂的推荐掺量为 6％～9％。当掺量为 6％时，改性沥青 80℃的黏度小于 10000mPa·s，说明 GF 改性沥青在80℃时具有很好的流动性，可以满足灌浆要求。现场灌浆推荐改性沥青的加热温度为80~100℃。

② 掺入填料的沥青改性试验

A. 不同填料改性沥青性能试验

由于复合改性剂GF的密度也小于$1.0g/cm^3$，掺加复合改性剂的改性沥青密度在$1.0g/cm^3$左右，在水中处于悬浮状态，对于有压涌水的堵漏，灌浆沥青不能快速到达渗漏部位，限制了沥青浆液的扩散。通过向热沥青浆液中加入水泥等填料可以增加沥青浆液的密度，提高其在渗漏水中的沉降速度，加快沥青在冷水中的冷却速度，达到迅速止漏的目的，同时可减少沥青用量，降低灌浆成本。为此，对掺6%GF改性剂的道路基质沥青分别加入水泥、细砂及膨润土填料，填料掺量为20%、50%和100%（重量比），如表4.1-37、图4.1-28~图4.1-30所示。

掺填料的改性沥青物理性能试验结果 表4.1-37

基质沥青	填料名称	掺量（%）	密度（g/cm³）	黏度（mPa·s）			
				60℃	80℃	100℃	120℃
掺6%GF改性剂的道路沥青	—	—	1.031	51200	9700	1920	670
	水泥	20	1.089	149400	31000	3800	780
		50	1.271	187000	41700	7000	1100
		100	1.450	—	109000	9500	2100
	细砂	20	1.090	122000	22000	3200	710
		50	1.282	163000	36000	5400	970
		100	1.473	—	82600	8600	2000
	膨润土	20	1.076	154200	36000	4100	950
		50	1.258	213600	93000	7800	2000
		100	1.396	—	128000	11600	2900

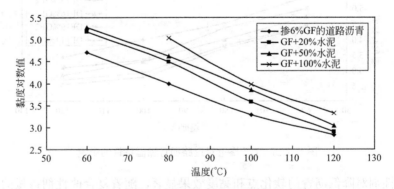

图4.1-28 水泥掺量对改性沥青黏温特性的影响

改性沥青加入填料后，混合浆液的密度均增大，且随着填料掺量的增加，混合浆液密度逐渐增大，3种填料掺量达到50%时，混合浆液的密度均超过了$1.25g/cm^3$，浆液密度的增加可提高沥青浆液在渗漏通道中的沉降速度、减少浆液的扩散范围。

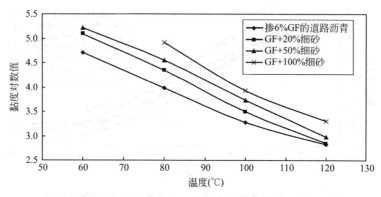

图 4.1-29　细砂掺量对改性沥青黏温特性的影响

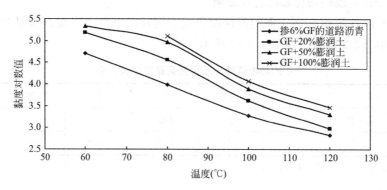

图 4.1-30　膨润土掺量对改性沥青黏温特性的影响

改性沥青加入填料后，混合浆液的黏度也均增大。随着填料掺量的增加，混合浆液黏度逐渐增大，当填料掺量超过 50％时，浆液黏度增大明显，60℃时混合浆液的黏度均超过了测量范围。浆液黏度增大会降低浆液的可灌性。填料掺量大于 50％时，80℃时浆液黏度均达到了 1×10^5 mPa・s 左右，浆液泵送困难，易造成堵管和堵孔事故，但当温度达到 100℃时混合浆液又开始具有良好的流动性和可灌性。

三种填料中细砂的降黏效果最好，但细砂对灌浆泵的要求较高，对泵的损耗也最大。

B. 复合外加剂不同掺量对改性沥青黏温特性影响

掺 9％GF 改性剂水泥填料的性能试验结果如表 4.1-38 所示。

掺 9％GF 改性剂水泥填料的性能试验结果　　　　表 4.1-38

基质沥青	填料名称	掺量(％)	黏度(mPa・s)				
			60℃	80℃	100℃	120℃	135℃
掺 9％GF 改性剂的道路沥青	水泥	20	132000	27600	2600	600	400
		50	166000	40600	4500	980	800
		100	—	87000	8900	1200	1000

在相同水泥掺量和温度条件下，改性沥青浆液黏度随复合改性剂掺量的增加而降低，如图 4.1-31 所示。

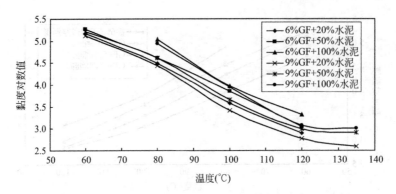

图 4.1-31　复合外加剂不同掺量对改性沥青黏温特性的影响

C. 环境条件对改性沥青黏温特性影响

掺 9% GF 改性剂和 50% 水泥的改性沥青在不同环境条件下黏度试验结果如表 4.1-39 所示，黏度随时间变化曲线如图 4.1-32 所示。

不同环境条件下改性沥青黏度试验结果　　　　　　　　　表 4.1-39

时间(min)		0	5	10	15	20	25
黏度 （mPa·s）	空气中	980	1200	1800	4500	9500	12500
	水中	980	1700	3300	6000	12000	42000

注：沥青混合浆液初始加热温度为 120℃。

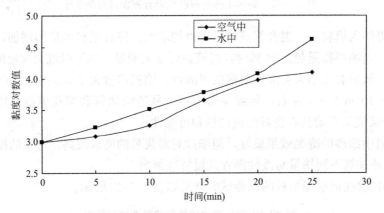

图 4.1-32　不同环境条件下改性沥青黏度随时间变化曲线

掺入复合改性剂和水泥的改性沥青黏度随时间逐渐增大，在水中条件下，改性浆液黏度增加较在空气中快，但由于沥青导热性差，在 15min 以内改性沥青浆液的黏度均在 6000mPa·s 以内，流动性和可灌性均较好。

由于加入的水泥填料为颗粒状材料，通常沥青灌浆采用的齿轮泵不能满足灌浆要求，需要选用其他合适的泵送设备，同时加入填料需要增加搅拌设备。

3. 室内一维灌浆试验

地层的防渗堵漏灌浆受地质条件、空隙大小、地下水流速、浆液性能及灌浆施工工艺等因素影响较大。作为一种新型的浆液，低热沥青浆液扩散过程和堵漏灌浆原理研究还很少，压力作用下不同地层中浆液的扩散运动规律、灌注填充效果还有待深入分析研究。

堵漏灌浆模拟试验可直观分析低热沥青浆液在不同地层中的运动扩散情况，研究浆液结石体的物理力学性能，分析防渗堵漏的效果，同时可以更好地指导现场堵漏灌浆施工，减少施工的盲目性。为此，本书开展了系统的一维、二维室内模拟灌浆试验。

1）试验方案

采用 PVC 管设计制作一维试验模型，模型内装上不同配比、不同孔隙率的砂砾石层，试验模型测试砂砾石粒径分别为 2～5mm、5～10mm、10～20mm、20～50mm、2～50mm，并分别在模型内无水与饱和两种情况，不同压力下进行低热沥青灌注试验，从而确定低热沥青在其中的扩散半径，其布置如图 4.1-33 所示。

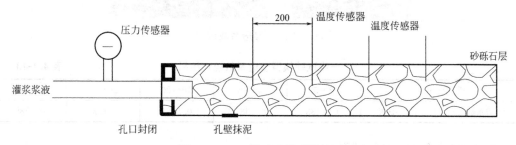

图 4.1-33　一维试验模型设计图

渗透系数和孔隙率按照实际能配的可能性配制，主要有松、中密、密三种状态，测试其实际值。灌浆压力也是同样分三档来进行试验，在大孔隙、大粒径时压力需要缩小，具体根据试验确定。

2）模型制作

采用 PVC 管设计制作一维试验模型，管径拟采用 110mm 口径，长度为 1.8m。模型制作如图 4.1-34 所示。

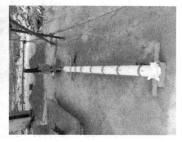

图 4.1-34　一维试验模型制作

一维试验模型制作完成之后，分别向模型内填满试验砂砾石，按 2～5mm、5～10mm、10～20mm、20～50mm、2～50mm 粒径配备试验模型，进行试验前，需测量出模型内砂砾石等渗透系数，如图 4.1-35 所示。

根据多次试验结果等统计分析，所制作的相同粒径的模型渗透系数变化不大，不同粒径的渗透系数统计如表 4.1-40 所示。

图 4.1-35　渗透系数试验

一维试验模型渗透系数统计结果　　　　　　　　　　　　表 4.1-40

级配(mm)		2~5	5~10	10~20	20~50	2~50
渗透系数(cm/s)	中密	0.02483	0.2384	0.5463	1.1223	0.1589

3）一维试验（PVC 管模型）

不同级配的砂砾石样本的渗透系数确定之后，配制低热沥青灌浆材料，如图 4.1-36 所示，浆液配比采用沥青∶水∶水泥∶外加剂＝1∶1∶0.7∶0.03。

图 4.1-36　配制好的低热沥青浆液

将一维试验模型制作完成后，将注浆进口与试验型螺杆泵连接，待沥青浆液配制完成后，通过试验型螺杆泵进行低热沥青灌浆材料的灌注。一维试验模型上安装 7 个温度传感器，测试灌浆过程中浆液的扩散距离，并与试验后破开的模型进行对比；同时一维试验模型的另一端需要用土工布进行封堵，避免砂砾石或低热沥青浆液外溢，封堵后为保证模型排水，需将土工布戳些孔。试验布置如图 4.1-37 所示。

对于一维试验模型内砂砾石为无水情况下的低热沥青渗透试验，分别将粒径为 2~5mm、5~10mm、10~20mm、20~50mm 及 2~50mm 砂砾石装入模型内，按照上述步骤进行试验，得到试验数据如表 4.1-41 所示。

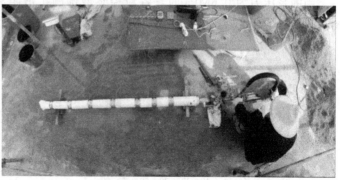

图 4.1-37　一维试验

PVC 管一维试验模型灌浆统计（无水）　　　　　　表 4.1-41

序号	颗粒粒径 （mm）	灌浆压力 （MPa）	浆液饱满扩散距离 （cm）	浆液最远扩散距离 （cm）
1	2～5	0.4	17	40
2	2～5	0.6	19	41
3	5～10	0.4	36	45
4	5～10	0.6	42	48
5	10～20	0.4	65	73
6	10～20	0.6	86	116
7	20～50	0.4	93	96
8	20～50	0.6	165	175
9	2～50	0.4	76	86
10	2～50	0.6	144	153

　　可知，在灌浆试验过程中，低热沥青浆液饱满扩散距离和最远扩散距离随着砂砾石粒径的增大而增大，并且变化的趋势与渗透系数成正比。

　　当灌浆压力为 0.4MPa 时，各粒径浆液饱满扩散距离及最远扩散距离如图 4.1-38、图 4.1-39 所示。

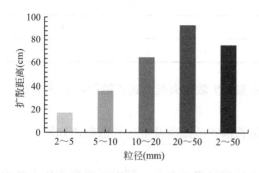
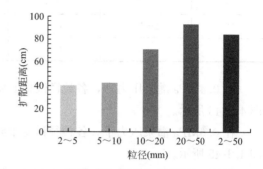

图 4.1-38　浆液饱满扩散距离（无水，0.4MPa）　　图 4.1-39　浆液最远扩散距离（无水，0.4MPa）

当灌浆压力为 0.6MPa 时，各粒径浆液饱满扩散距离及最远扩散距离如图 4.1-40、图 4.1-41 所示。

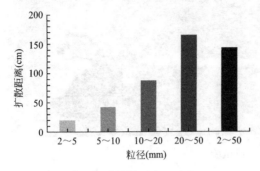

图 4.1-40　浆液饱满扩散距离（无水，0.6MPa）

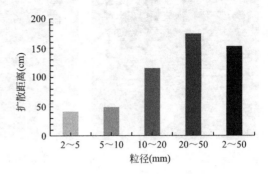

图 4.1-41　浆液最远扩散距离（无水，0.6MPa）

可知，浆液扩散距离与试验样本的粒径级配有关，同时随着灌浆压力的增加，沥青浆液的扩散距离也有所增加。

在进行低热沥青材料灌浆前，先将模型内充满水，在砂砾石达到饱和状态后进行灌浆试验。根据表 4.1-42 数据可知，饱和状态下浆液扩散距离趋势与无水条件下进行的一维灌浆试验保持一致。

PVC 管一维试验模型灌浆统计（饱和）　　　　　　　　　表 4.1-42

序号	颗粒粒径 （mm）	灌浆压力 （MPa）	浆液饱满扩散距离 （cm）	浆液最远扩散距离 （cm）
1	2～5	0.4	15	38
2	2～5	0.6	15	40
3	5～10	0.4	34	40
4	5～10	0.6	41	44
5	10～20	0.4	51	61
6	10～20	0.6	61	66
7	20～50	0.4	85	90
8	20～50	0.6	133	143
9	2～50	0.4	72	76
10	2～50	0.6	73	110

在 0.4MPa 灌浆压力下，各粒径试验中浆液饱满扩散距离及最远扩散距离如图 4.1-42、图 4.1-43 所示。

在 0.6MPa 灌浆压力下，各粒径试验中浆液饱满扩散距离及最远扩散距离如图 4.1-44 和 4.1-45 所示。

可知，饱和状态下浆液扩散距离与试验样本的粒径级配有关，同时随着灌浆压力的增加，沥青浆液的扩散距离也有所增加。这与无水条件下的试验结果一致。

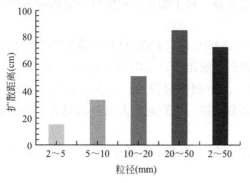

图 4.1-42　浆液饱满扩散距离（饱和，0.4MPa）

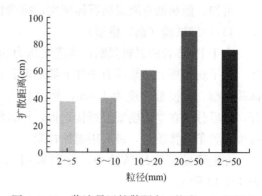

图 4.1-43　浆液最远扩散距离（饱和，0.4MPa）

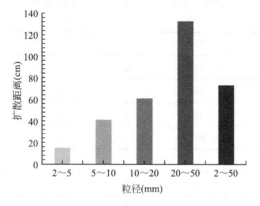

图 4.1-44　浆液饱满扩散距离（饱和，0.6MPa）

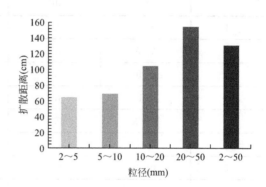

图 4.1-45　浆液最远扩散距离（饱和，0.6MPa）

由以上无水与饱和状态模型试验结果可以发现，一维试验中沥青浆液在同等灌浆压力下，无水条件下的扩散距离较饱和状态下的扩散距离有所增加，说明模型内水对浆液的温度变化存在一定的影响，进而影响了浆液的扩散距离，但影响幅度不大。

其中，灌浆试验中浆液凝结后，破开 PVC 管获得的灌浆结石体情况如图 4.1-46 所示。

图 4.1-46　破开一维试验模型结石体（PVC 管）

可知，低热沥青灌浆结石体密实，抗渗情况良好，对于细小颗粒仍有一定的渗透性。

4）一维试验（钢管模型）

由于PVC管的材料限制，当灌浆压力达到0.8MPa时，PVC材料受热容易变软而破坏。为了获得更大灌浆压力条件下低热沥青材料的扩散距离，采用钢管制作了另一组一维试验模型。该模型长度为1.6m，管内径为116mm。制作过程为：首先将钢管沿轴线剖开，然后分别在半面模型上焊接钢板，再将两部分对接，在钢板上开孔，通过在钢板对接部位放置条形橡胶垫，最后用螺栓拧紧。

在钢管模型一维试验中，分别采用0.8MPa和1.2MPa的灌浆压力，试验结果如表4.1-43所示。

钢管模型一维试验灌浆统计（饱和）　　　　　表 4.1-43

序号	颗粒粒径 （mm）	灌浆压力 （MPa）	浆液饱满扩散距离 （cm）	浆液最远扩散距离 （cm）
1	2～5	0.8	17	40
2	2～5	1.2	18	48
3	5～10	0.8	45	53
4	5～10	1.2	48	54
5	10～20	0.8	89	92
6	10～20	1.2	110	115
7	20～50	0.8	138	155
8	20～50	1.2	140	160
9	2～50	0.8	78	116
10	2～50	1.2	81	134

在0.8MPa、1.2MPa的灌浆压力下，试验中各粒径浆液饱满扩散距离及最远扩散距离如图4.1-47～图4.1-50所示。

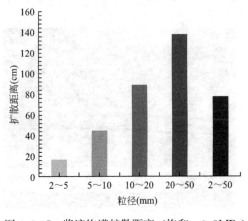
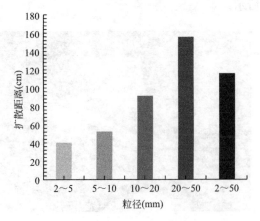

图 4.1-47　浆液饱满扩散距离（饱和，0.8MPa）　　图 4.1-48　浆液最远扩散距离（饱和，0.8MPa）

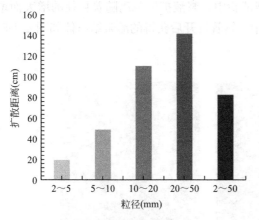

图 4.1-49 浆液饱满扩散距离（饱和，1.2MPa）　图 4.1-50 浆液最远扩散距离（饱和，1.2MPa）

　　随着灌浆压力的增加，沥青浆液的扩散距离也有了明显增大，因此在灌浆施工过程中，通过增加灌浆压力一定程度上可以有效地提高浆液的扩散距离。

　　由于低热沥青在粒径较小的砂砾石层里的扩散距离较短，为了更加清晰地认识在小粒径砂砾石层内低热沥青的扩散情况，针对小粒径，采用钢管模型在 1.2MPa 灌浆压力下进行了一系列试验，试验数据如表 4.1-44 所示。

钢管一维试验模型灌浆统计（饱和、其他级配）　表 4.1-44

序号	颗粒粒径（mm）	灌浆压力（MPa）	浆液饱满扩散距离（cm）	浆液最远扩散距离（cm）
1	5～8	1.2	40	52
2	8～10	1.2	54	60
3	10～13	1.2	62	70
4	13～18	1.2	74	85
5	18～20	1.2	114	120

　　试验中各粒径浆液饱满扩散距离及最远扩散距离如图 4.1-51、图 4.1-52 所示。

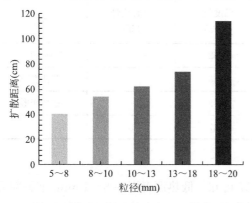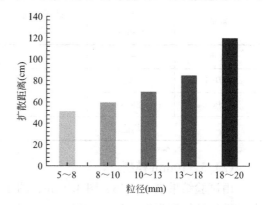

图 4.1-51 浆液饱满扩散距离（小粒径砂砾石层）　图 4.1-52 浆液最远扩散距离（小粒径砂砾石层）

在粒径小于20mm的小粒径砂砾石层模型试验中，浆液扩散距离随着粒径的增大而增大，但总体上扩散距离都较小。钢管模型试验中，钢管拆开后获得的灌浆结石体如图4.1-53所示。

图4.1-53　破开一维试验模型结石体（钢管）

根据以上一维试验结果可知，低热沥青在较小粒径（小于50mm）的地层中具有较好的扩散性，其扩散距离随着粒径的增大而增大，随着灌浆压力的增大而增大，再一次说明低热沥青灌浆材料是一种较好的新型灌浆材料。以上获得的一维试验数据和结论对于二维试验及原位试验有一定的指导作用。

5）低热沥青灌浆结石体的抗折及抗压强度试验

一维灌浆试验结束后，在已有的灌浆结石体中，通过切削打磨获得4cm×4cm×16cm的试块。通过室内抗折试验机和万能试验机进行了抗折强度和抗压强度试验。试验结果如下。

（1）2～5mm模型

由试验结果表4.1-45、图4.1-54、图4.1-55可知，低热沥青灌注2～5mm细颗粒灌浆结石体的抗压强度达到2.37MPa，弹性模量为5MPa，结石体呈塑性破坏。

2～5mm模型结石体试验结果　　　　　　　　　　　　　表4.1-45

种类	面积（cm²）	破坏荷载（kN）	强度值（MPa）	弹性模量（MPa）	备注
抗折	—	—	0.82	—	弯曲，开裂
抗压1	30.2	7.14	2.36	5	塑性变形
抗压2	29.6	7.06	2.38	—	塑性变形
	均值		2.37	5	

（2）5～10mm模型

由试验结果表4.1-46、图4.1-56、图4.1-57可知，低热沥青灌注5～10mm细颗粒灌浆结石体的抗压强度达到0.735MPa，弹性模量为7.7MPa，结石体破坏呈塑性破坏。

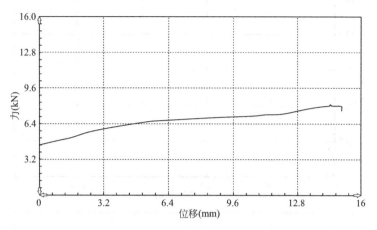

图 4.1-54　2~5mm 模型结石体抗压强度曲线

图 4.1-55　2~5mm 模型结石体抗折、抗压试验后形态

5~10mm 模型结石体试验结果　　　　　　　　　　　　　　表 4.1-46

种类	面积 （cm²）	破坏荷载 （kN）	强度值 （MPa）	弹性模量 （MPa）	备注
抗折	—	—	0.66	—	弯曲,开裂
抗压 1	18.5	1.41	0.76	7.4	塑性变形
抗压 2	17.02	1.21	0.71	8.0	塑性变形
均值			0.735	7.7	

（3）10~20mm 模型

由试验结果表 4.1-47、图 4.1-58、图 4.1-59 可知，低热沥青灌注 10~20mm 细颗粒灌浆结石体的抗压强度达到 1.60MPa，弹性模量为 5.15MPa，结石体破坏呈塑性破坏。

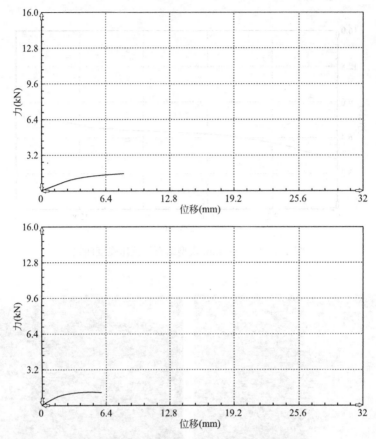

图 4.1-56　5～10mm 模型结石体抗压强度曲线

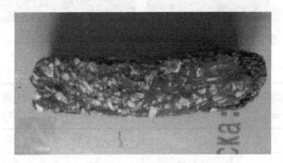

图 4.1-57　5～10mm 模型结石体抗折试验后形态

10～20mm 模型结石体试验结果　　　　　　　　表 4.1-47

种类	面积 （cm²）	破坏荷载 （kN）	强度值 （MPa）	弹性模量 （MPa）	备注
抗折	—	—	1.38	—	弯曲，开裂
抗压 1	31.2	4.86	1.56	5.1	塑性变形
抗压 2	31.2	5.09	1.63	5.2	塑性变形
均值			1.60	5.15	

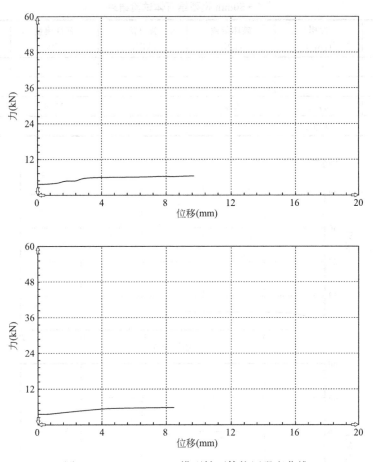

图 4.1-58　10～20mm 模型结石体抗压强度曲线

图 4.1-59　10～20mm 模型结石体抗折、抗压试验后形态

（4）2～50mm 模型

由试验结果表 4.1-48、图 4.1-60、图 4.1-61 可知，低热沥青灌注 2～50mm 细颗粒灌浆结石体的抗压强度达到 2.39MPa，弹性模量为 12.9MPa，结石体破坏呈塑性破坏。

2～50mm 模型结石体试验结果 表 4.1-48

种类	面积 （cm²）	破坏荷载 （kN）	强度值 （MPa）	弹性模量 （MPa）	备注
抗折	—	—	0.94	—	弯曲，未开裂
抗压 1	28	6.71	2.40	14.1	塑性破坏
抗压 2	34.2	7.25	2.38	11.6	塑性破坏
均值			2.39	12.9	—

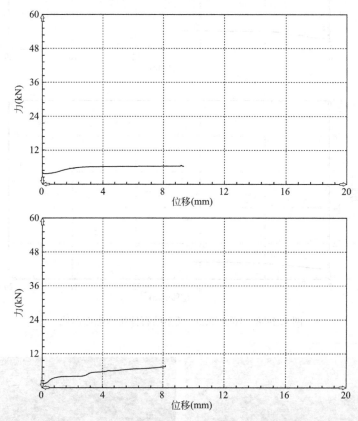

图 4.1-60 2～50mm 模型结石体抗压强度曲线

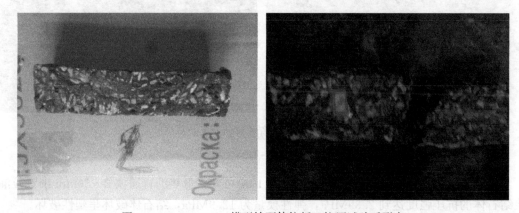

图 4.1-61 2～50mm 模型结石体抗折、抗压试验后形态

（5）20～50mm 模型

由试验结果表 4.1-49、图 4.1-62、图 4.1-63 可知，20～50mm 细颗粒低热沥青灌浆结石体的抗压强度达到 1.81MPa，弹性模量为 12.1MPa，结石体破坏呈塑性破坏。

20～50mm 模型结石体试验结果　　　　　　　　　　　　表 4.1-49

种类	面积 （cm²）	破坏荷载 （kN）	强度值 （MPa）	弹性模量 （MPa）	备注
抗折	—	—	0.86	—	弯曲，开裂
抗压 1	16.4	2.76	1.68	13.9	开裂
抗压 2	30.6	5.92	1.93	10.3	开裂
均值			1.81	12.1	—

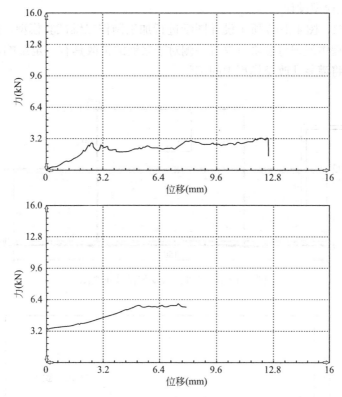

图 4.1-62　20～50mm 模型结石体抗压强度曲线

根据以上五种粒径的灌浆结石体的抗压强度及弹性模量值可知，低热沥青灌浆结石体的强度偏低，用于防渗堵漏工程可满足要求，但对于强度要求较高的工况，采用低热沥青配合水泥基灌浆材料进行复合灌浆，可以提高灌浆结石体的强度，这与前文提出的低热沥青-水泥基灌浆材料复合灌浆理念一致。

4. 室内二维灌浆试验

为进一步摸清低热沥青在不同埋深和配比的砂砾石层的扩散情况，进行了 1：1 尺寸的二维模拟试验，以展现浆液在砂砾石层的扩散情况和灌后效果。现场模拟试验拟安排在成都进行。

图 4.1-63　20～50mm 模型结石体抗折、抗压试验后形态

1）二维试验模型设计

根据图 4.1-64、图 4.1-65 所示设计图纸进行加工制作二维试验模型，模型如图 4.1-66 所示，在试验过程中发现将灌浆口放置一侧对于浆液的扩散具有一定影响，在试验中对模型进行了改造，将灌浆孔改至模型中间部位。

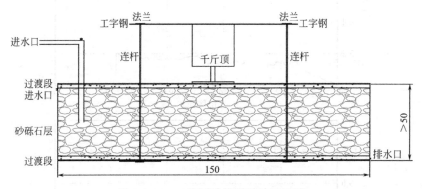

图 4.1-64　二维试验模型设计正视图

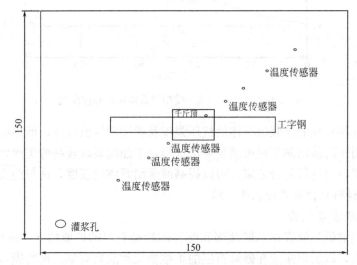

图 4.1-65　二维试验模型设计俯视图

2）低热沥青二维灌浆试验

在模型制作完成后，通过在模型填装不同粒径的砂砾石模拟实际地层，并使用千斤顶对砂砾石层施加压力模拟不同深度下的低热沥青灌浆。

被测试的砂砾石层的填装高度约为 17～20cm，该层位于模型中间，其上下各通过填装粉细砂保持透水，通过土工布包裹避免沥青大量渗漏，以保证试验的顺利进行。

（1）2～5mm 粒径

通过装填 2～5mm 粒径颗粒，在 0.4MPa、0.8MPa、1.2MPa 压力下分别模拟 8m、16m 和 36m 以下地层，然后进行低热沥青灌浆试验。试验数据统计如表 4.1-50 所示，结果如图 4.1-67～图 4.1-69 所示。

图 4.1-66　二维试验模型

二维试验模型灌浆统计（2～5mm 级配）　　　表 4.1-50

序号	颗粒粒径（mm）	砂石厚度（cm）	灌注沥青质量（kg）	灌注压力（MPa）	地层深度（m）	最大扩散范围（cm）
1	2～5	18	60	0.4	8	27～54
2	2～5	18	56	0.4	16	23～43
3	2～5	18	50	0.4	36	23～33
4	2～5	18	63	0.8	8	55～75
5	2～5	18	59	0.8	16	34～57
6	2～5	18	50	0.8	36	25～41
7	2～5	18	65	1.2	8	56～81
8	2～5	18	55	1.2	16	40～61
9	2～5	18	51	1.2	36	34～44

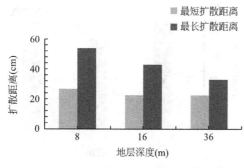

图 4.1-67　8m 以下地层低热沥青扩散情况（2～5mm 粒径）

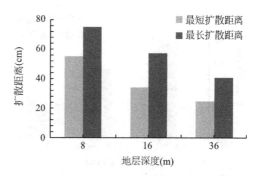

图 4.1-68　16m 以下地层低热沥青扩散情况（2～5mm 粒径）

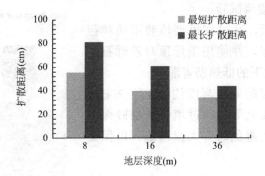

图 4.1-69　36m 以下地层低热沥青扩散情况（2～5mm 粒径）

（2）5～10mm 粒径

通过装填 5～10mm 粒径颗粒，在 0.4MPa、0.8MPa、1.2MPa 压力下分别模拟 8m、16m 和 36m 以下地层，然后进行低热沥青灌浆试验。试验数据统计如表 4.1-51 所示，试验结果如图 4.1-70～图 4.1-72 所示。

二维试验模型灌浆统计（5～10mm 级配）　　　　　　表 4.1-51

序号	颗粒粒径 （mm）	砂石厚度 （cm）	灌注沥青 质量（kg）	灌注压力 （MPa）	地层深度 （m）	最大扩散 范围（cm）
1	5～10	17	65	0.4	8	39～80
2	5～10	20	60	0.4	16	31～57
3	5～10	18	58	0.4	36	28～32
4	5～10	18	67	0.8	8	55～88
5	5～10	18	62	0.8	16	51～75
6	5～10	18	60	0.8	36	49～65
7	5～10	18	65	1.2	8	62～88
8	5～10	20	61	1.2	16	42～62
9	5～10	18	60	1.2	36	34～53

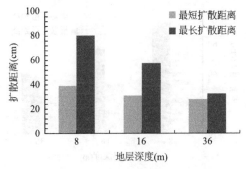

图 4.1-70　8m 以下地层低热沥青扩散情况
（5～10mm 粒径）

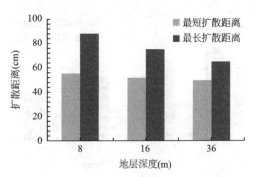

图 4.1-71　16m 以下地层低热沥青扩散情况
（5～10mm 粒径）

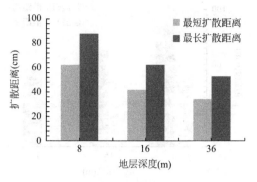

图 4.1-72　36m 以下地层低热沥青扩散情况（5～10mm 粒径）

（3）10～20mm 粒径

通过装填 10～20mm 粒径颗粒，在 0.4MPa、0.8MPa、1.2MPa 压力下分别模拟 8m、16m 和 36m 以下地层，然后进行低热沥青灌浆试验。试验数据统计如表 4.1-52 所示，试验结果如图 4.1-73～图 4.1-75 所示。

二维试验模型灌浆统计（10～20mm 级配）　　　　　表 4.1-52

序号	颗粒粒径（mm）	砂石厚度（cm）	灌注沥青质量（kg）	灌注压力（MPa）	地层深度（m）	最大扩散范围（cm）
1	10～20	17	69	0.4	8	42～82
2	10～20	16	66	0.4	16	35～59
3	10～20	16	63	0.4	36	33～38
4	10～20	18	68	0.8	8	59～88
5	10～20	18	62	0.8	16	53～82
6	10～20	18	62	0.8	36	51～69
7	10～20	18	70	1.2	8	65～88
8	10～20	18	66	1.2	16	48～71
9	10～20	18	63	1.2	36	41～57

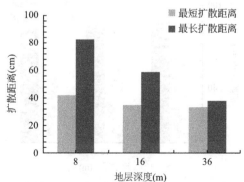

图 4.1-73　8m 以下地层低热沥青扩散情况
（10～20mm 粒径）

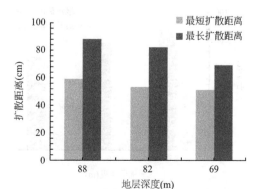

图 4.1-74　16m 以下地层低热沥青扩散情况
（10～20mm 粒径）

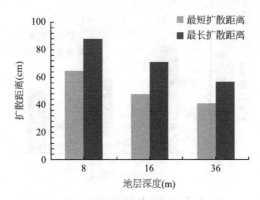

图 4.1-75　36m 以下地层低热沥青扩散情况（10～20mm 粒径）

（4）20～50mm 粒径

通过装填 20～50mm 粒径颗粒，在 0.4MPa、0.8MPa、1.2MPa 压力下分别模拟 8m、16m 和 36m 以下地层，然后进行低热沥青灌浆试验。试验数据统计如表 4.1-53 所示，试验结果如图 4.1-76～图 4.1-78 所示。

二维试验模型灌浆统计（20～50mm 级配）　　　　　表 4.1-53

序号	颗粒粒径 （mm）	砂石厚度 （cm）	灌注沥青质量 （kg）	灌注压力 （MPa）	地层深度 （m）	最大扩散范围 （cm）
1	20～50	18	73	0.4	8	50～88
2	20～50	18	70	0.4	16	44～78
3	20～50	18	66	0.4	36	39～68
4	20～50	18	78	0.8	8	68～88
5	20～50	17	72	0.8	16	61～88
6	20～50	18	69	0.8	36	57～82
7	20～50	18	79	1.2	8	71～88
8	20～50	18	76	1.2	16	58～78
9	20～50	20	69	1.2	36	50～66

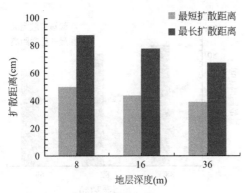

图 4.1-76　8m 以下地层低热沥青扩散情况
（20～50mm 粒径）

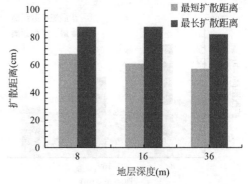

图 4.1-77　16m 以下地层低热沥青扩散情况
（20～50mm 粒径）

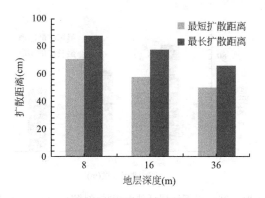

图 4.1-78　36m 以下地层低热沥青扩散情况（20～50mm 粒径）

（5）2～50mm 粒径

通过装填 2～50mm 粒径颗粒，在 0.4MPa、0.8MPa、1.2MPa 压力下分别模拟 8m、16m 和 36m 以下地层，然后进行低热沥青灌浆试验。试验数据统计如表 4.1-54 所示，试验结果如图 4.1-79～图 4.1-81 所示。

二维试验模型灌浆统计（2～50mm 级配）　　　　　　　　表 4.1-54

序号	颗粒粒径（mm）	砂石厚度（cm）	灌注沥青质量（kg）	灌注压力（MPa）	地层深度（m）	最大扩散范围（cm）
1	2～50	22	69	0.4	8	35～59
2	2～50	18	61	0.4	16	31～51
3	2～50	18	53	0.4	36	28～48
4	2～50	18	58	0.8	8	59～79
5	2～50	18	55	0.8	16	52～64
6	2～50	18	52	0.8	36	49～59
7	2～50	18	66	1.2	8	57～88
8	2～50	19	66	1.2	16	48～67
9	2～50	17	61	1.2	36	39～52

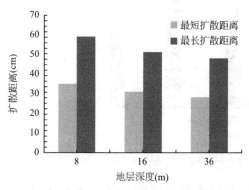

图 4.1-79　8m 以下地层低热沥青扩散情况（2～50mm 粒径）

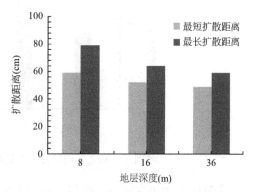

图 4.1-80　16m 以下地层低热沥青扩散情况（2～50mm 粒径）

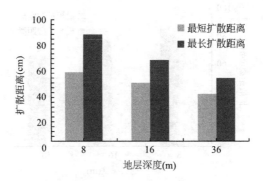

图 4.1-81　36m 以下地层低热沥青扩散情况（2～50mm 粒径）

由以上分析可知，同种地层，在相同压力下进行低热沥青灌注，浆液的扩散范围随着地层深度的增加而呈减小趋势。

（6）不同粒径材料的浆液扩散情况

灌浆压力为 0.4MPa、模拟 8m 以下地层的低热沥青灌浆扩散情况如表 4.1-55、图 4.1-82 所示。

二维试验模型灌浆统计（灌浆压力 0.4MPa、地层深度 8m）　　　　　表 4.1-55

序号	颗粒粒径 （mm）	砂石厚度 （cm）	灌注沥青质量 （kg）	灌注压力 （MPa）	地层深度 （m）	最大扩散范围 （cm）
1	2～5	18	60	0.4	8	27～54
2	5～10	17	65	0.4	8	39～80
3	10～20	17	69	0.4	8	42～82
4	20～50	18	73	0.4	8	50～88
5	2～50	22	69	0.4	8	35～59

图 4.1-82　不同粒径模型低热沥青扩散情况（0.4MPa，8m）

灌浆压力为 0.8MPa、模拟 16m 以下地层的低热沥青灌浆扩散情况如表 4.1-56、图 4.1-83 所示。

二维试验模型灌浆统计（灌浆压力 0.8MPa、地层深度 16m）　　　表 4.1-56

序号	颗粒粒径 （mm）	砂石厚度 （cm）	灌注沥青质量 （kg）	灌注压力 （MPa）	地层深度 （m）	最大扩散范围 （cm）
1	2～5	18	59	0.8	16	34～57
2	5～10	18	62	0.8	16	51～75
3	10～20	18	62	0.8	16	53～82
4	20～50	17	72	0.8	16	61～88
5	2～50	18	55	0.8	16	52～64

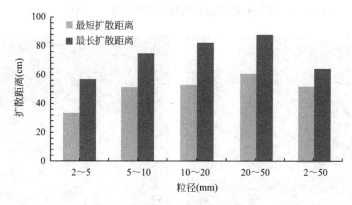

图 4.1-83　不同粒径模型低热沥青扩散情况（0.8MPa，16m）

灌浆压力为 1.2MPa、模拟 36m 以下地层低热沥青灌浆扩散情况如表 4.1-57、图 4.1-84 所示。

二维试验模型灌浆统计（灌浆压力 1.2MPa、地层深度 36m）　　　表 4.1-57

序号	颗粒粒径 （mm）	砂石厚度 （cm）	灌注沥青质量 （kg）	灌注压力 （MPa）	地层深度 （m）	最大扩散范围 （cm）
1	2～5	18	51	1.2	36	34～44
2	5～10	18	60	1.2	36	34～53
3	10～20	18	63	1.2	36	41～57
4	20～50	20	69	1.2	36	50～66
5	2～50	17	61	1.2	36	39～52

由以上分析可知，对于不同地层，相同压力，在同样地层深度下的低热沥青扩散情况与一维试验结论相符。

二维模型试验过程如图 4.1-85 所示。

根据低热沥青材料特性，在室内试验条件下进行了一维、二维浆液扩散试验和抗冲试验，所得试验结果对原位试验的参数设置有一定的指导意义。

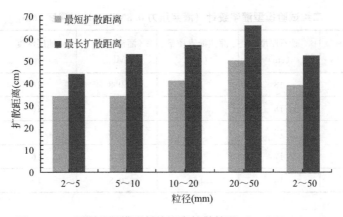

图 4.1-84　不同粒径模型低热沥青扩散情况（1.2MPa，36m）

图 4.1-85　二维模型试验过程

① 制作了一维试验模型，测试 2～5mm、5～10mm、10～20mm、20～50mm、2～50mm 粒径的砂砾石在不同压力情况下灌注低热沥青材料时的浆液扩散情况，并对灌浆结石体的抗压强度、抗折强度等参数进行测试。可知，低热沥青是一种渗透性能良好的灌浆材料，采用低热沥青-水泥基灌浆材料复合灌浆可弥补低热沥青结石体强度较低的不足。

② 根据一维试验结果，设计了二维扩散试验模型，分别模拟不同深度地层条件下不同压力的低热沥青灌注情况，获得的浆液扩散情况与一维试验情况相符，并且提高灌浆压力对提高低热沥青浆液的扩散效果明显。

5. 低热沥青原位试验研究

根据一维、二维试验及抗冲试验结果，经过统计分析，对原位试验进行选址和对地层适当改造，以尽量接近实际工程中的地质条件，从而对低热沥青-水泥基灌浆材料复合灌浆工艺及效果进行试验研究。

试验位置选择考虑了以下几个条件：

① 试验位置临近水源，地下水具有充足的补给条件；

② 具有一定的覆盖层深度（＞20m），砂砾石层具有较强的透水性，渗透系数大于 10^{-2}cm/s；

③ 砂砾石层粒径比较齐全，2～20cm 都应有，附近能找到少量的大块石，以填筑形成大块石架空；

④ 具有相对开阔的地形，可平整出 100m² 左右的平地，用于布置生活用地、试验场地；

⑤ 地下水位相对较高，具有形成水头差的条件；

⑥ 试验位置交通相对方便，与县镇的距离不能太远（＜5km），购买/加工配品配件方便，最好能提供 380V/100kW 的电源；

⑦ 试验废浆、废水、废沥青和废结石体有条件抛弃。

结合以上试验要求，原位试验选址在四川成都蒲江县五星社区五星沙场内（图4.1-86），根据现场现有条件，须结合试验需要，对试验现场进行适当整理，以达到满足试验的要求。

1）原位试验概况

根据现场勘探情况，原位试验场地20m 深度范围内地层较致密，孔隙率变化较小，覆盖层不存在较大的砾石架空结

图 4.1-86 原位试验场地

构，对于分析低热沥青材料的可灌性及灌浆效果分析不具备天然的条件。由此根据原位试验要求需要对试验的地质情况进行适当整理，现场试验区域首先挖除 6m 深原始致密地层，然后分别回填三层不同粒径的砂砾石，以尽量模拟不同地层结构，现场回填施工如图 4.1-87 所示。

改造整理后的地层分布情况如图 4.1-88 所示。

试验场地整理后布置如图 4.1-89 所示。

图 4.1-87　原位试验现场砂砾石回填施工

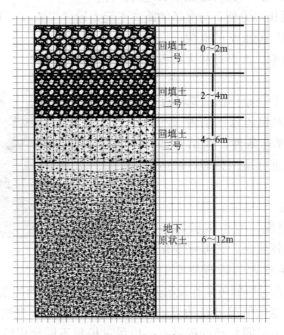

图 4.1-88　试验现场地层

通过在施工平台上钻孔并灌浆，以期在有限的施工平台轴线上形成完整的帷幕，具体孔位布置及灌浆要求参见下文所述。

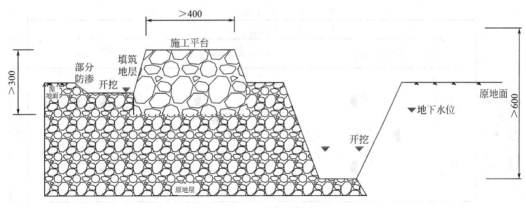

图 4.1-89　试验现场布置

在水泥-低热沥青复合灌浆的原位试验过程中，测试灌浆技术指标、熟悉灌浆工艺，从而获得水泥-低热沥青复合灌浆的适用性、可靠性等方面的第一手资料。在试验中，需要不断地优化灌浆工艺，充分了解灌浆过程中压力、流量等基本参数的控制和调节，提出对工程应用具有指导意义的水泥-低热沥青复合灌浆技术变浆标准、结束标准等工艺参数。

2) 试验部署及试验方案

(1) 试验部署

① 试验用电

现场试验主要用电设备总功率约为 50kW，将电源接至施工区域，供施工现场用电。因现场与砂场共用电力供应系统，如果施工总用电量出现短暂无法满足使用要求的情况，可采用钻灌过程与砂场用电高峰错峰运行；若出现较长时间的电力供应不足，可采取租用柴油发电机方案保证现场电力供应。

② 试验用水

原位试验现场临近河流，现场供水条件充分，已将水源接至现场，能满足要求。

③ 试验道路

现场道路为原砂场道路，运输大型设备及灌浆材料便利。

(2) 试验方案

对低热沥青-水泥基灌浆材料复合灌浆工艺的设计及参数设置如下。

① 试验方案

根据现场准备条件，采用低热沥青-水泥基灌浆材料进行复合灌浆试验。在试验过程中，测试灌浆压力、灌注量、灌注效果等参数，随时对已设计的灌浆工艺进行优化，通过试验明确变浆标准及结束标准，从而形成一整套适合于防渗、堵漏的低热沥青-水泥基灌浆材料复合灌浆技术。

② 灌浆施工工艺

A. 布孔与孔深

本试验灌浆孔如图 4.1-90 所示布置了 1 排、2 排和 3 排帷幕灌浆，3 排帷幕孔距为250cm，2 排帷幕孔距 200cm，1 排帷幕孔距 150cm。排距均采用 100mm。孔深：6 号孔为 20m 外，其他各孔均为 12m。

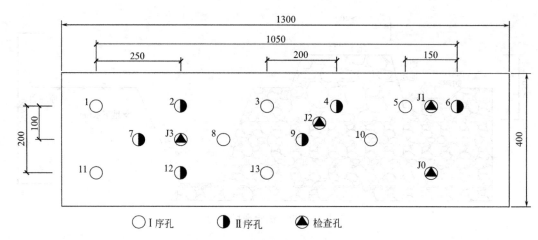

图 4.1-90　原位灌浆试验孔位布置

灌浆次序为 1，3，5→11，13→10→6，4，2→12→8→9，7，待凝 3d 后进行检查孔施工。

B. 灌注材料

本试验灌浆材料分为三种：水泥浆、膏浆、低热沥青。

本试验灌浆材料分为四级：水泥浆（水灰比 1∶1）、水泥浆（水灰比 0.5∶1）、膏浆、低热沥青。

C. 灌注工艺

灌浆采用孔底栓塞封闭、纯压式灌浆施工工艺，其工艺流程如下所示：

钻孔→下射浆管→胀栓塞封闭→灌注第一段→达到结束标准后，向上拔套管 0.5m→灌注上一段→达到结束标准后，向上拔套管 0.5m……→灌注最上一段→封孔→下一孔。

D. 灌浆压力

本试验Ⅰ序孔、外排孔水泥浆液及膏浆拟采用 0.1～0.3MPa 的灌浆压力，低热沥青拟采用 1.2～1.35MPa 的灌浆压力；Ⅱ序孔、内排孔水泥浆液及膏浆拟采用 0.3～0.45MPa 的灌浆压力、中间孔采用 0.5～0.8MPa 的中等灌浆压力，低热沥青均可采用 1.4～1.6MPa 的灌浆压力。

灌浆压力的确定要满足浆液的扩散半径，保证各灌浆孔间最终灌浆的浆液能相互搭接，保证不出现漏灌地段；同时要留意可能发生的地面过分抬动，窜、冒浆等现象，避免造成浆液浪费。

E. 浆液变换标准

a. 连续灌注 30min，孔口仍不返浆或者孔口仍不起压，可变换一次浆液。

b. 灌浆耗浆量大于 0.5m³/m，可变换一次浆液。

c. 灌浆过程中，注入量在逐步减少或者灌浆压力在逐步升高时，不进行浆液变换。

d. 当进行低热沥青灌注时，当孔口出现返浆情况，即须停止低热沥青灌注，通过灌注水泥浆完成本测试段灌浆。

F. 结束标准

a. 若没有明显的串、冒、跑浆现象，应尽量达到结束灌浆压力，以保证浆液的扩散半径，并希望在一定的灌浆压力能对地层起到挤密、压密的效果，达到提高地基承载力和均匀化地层的目的。

b. 若产生串、冒、跑浆现象，在采取间歇、止浆等措施无效后，停止灌注，待凝后在附近钻孔进行补强灌浆。

c. 若地面或地上建筑物产生有害抬动、裂缝等现象，在采取限压限量措施无效后，应停止灌注，待凝后在附近钻孔进行补强灌浆。

③ 现场设备及试验设备

a. 沥青制热设备 2 套、搅拌设备 1 套、螺杆泵 2 台、华式泵 2 台、加热保温管路 50m、专用栓塞 2 个、各种效率的水泵若干；履带式跟管钻进钻机 1 台套、拔管机 1 台、柴动空压机 1 台、146 套管 80m、300 型钻机 1 台。

b. 测试装置：声波测试、抗渗仪、压力机、高精度相机等。

④ 现场材料

a. 70 号道路沥青 5t，乳化剂 200kg；

b. 42.5 普通硅酸盐水泥 20t，膏浆外加剂 200kg，膨润土 2t；

c. 柴油、其他试剂若干

⑤ 人员配备

现场工程师 2～3 人，现场技术工人 7～8 人。

（3）施工平面图

根据现场条件，试验现场平面布置如图 4.1-91 所示。

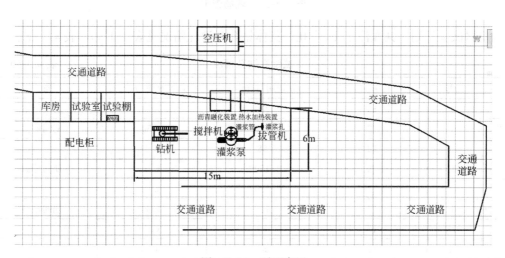

图 4.1-91　平面布置

3）原位试验实施及分析

（1）灌前准备

进行原位试验前，对原地层进行注水试验，以确定灌前地层的透水情况，由于原地层相对致密，而上部回填地层多为卵石及直径约为 20cm 的块石，因此上部回填地层更适合采用低热沥青材料进行灌注，注水试验集中在地表以下 5m 之内的位置。

J0 孔位灌前注水试验结果如表 4.1-58 所示。

表 4.1-58

灌前注水试验结果

注水孔段(m)	注水量(L)	注水时间(min)	单位注水量(L/min)	备注
1.5～1.8	5900	10	590	无返水
1.8～3.0	5450	10	545	无返水
3.0～4.5	7530	10	753	无返水

根据现场灌前注水试验数据可知，回填地层的透水量大。

（2）灌浆施工

注水试验完成后，按照原位试验要求，对回填的区域采用低热沥青-水泥基灌浆材料复合灌浆工艺进行了灌浆施工（图 4.1-92）。

图 4.1-92　现场施工

根据试验计划，共灌注了 13 个孔，具体钻孔和灌注情况见表 4.1-59、表 4.1-60。

表 4.1-59

试验孔钻孔情况

序号	孔号	孔深(m)	钻进用时(min)	钻进效率(m/h)	备注
1	11	12	230	3.13	期间停钻
2	5	12	160	4.50	期间停钻
3	13	12	58	12.41	
4	2	12	150	4.80	期间停钻
5	4	12	120	6.00	
6	6	12	150	4.80	期间停钻
7	7	12	72	10.00	
8	12	12	65	11.08	
9	8	12	53	13.58	
10	9	12	75	9.60	
11	10	12	75	9.60	
12	1	12	65	11.08	
13	3	12	74	9.73	

根据现场钻孔情况统计，平均钻进效率为 8.49m/h；扣除期间施工原因停钻的钻孔，纯钻进效率为 10.34m/h。

试验孔灌注情况

表 4.1-60

序号	孔号	孔深(m)	灌浆历时(min)	灌入浆液(kg)
1	1	12	137	1260
2	3	12	98	1020
3	5	12	74	1500
4	11	12	89	1350
5	13	12	72	960
6	10	12	72	1320
7	6	12	77	2160
8	4	12	123	1320
9	2	12	53	1020
10	12	12	79	1050
11	8	12	100	1860
12	9	12	55	860
13	7	12	65	900

开挖至外排孔外侧时，可见明显的沥青，土体孔隙填充效果非常明显（图 4.1-93）。孔隙较小的土体内，明显存在强度较高的水泥-沥青复合浆液结石体，且中间及西侧孔间结石体搭接良好，表明在回填地层中选取的 2.0m 孔距较为合理。

图 4.1-93　现场开挖揭示图

根据灌浆记录，现场累计灌注 12 个孔，根据灌浆计划采用四级浆液，即水灰比 1∶1 水泥浆、水灰比 0.5∶1 水泥浆；普通膏浆、低热沥青进行灌注。灌浆设备采用 G 型螺杆泵灌注水泥基灌浆材料，采用华式泵灌注低热沥青灌浆材料。

根据现场施工情况分析，在地表以下约 4.0～4.5m 范围内根据灌浆工序要求，自然变浆至低热沥青材料进行灌注。初步统计，Ⅰ序孔，低热沥青材料灌注单耗约为 0.5t/m。灌浆过程中低热沥青灌注的压力约为 1.5～1.8MPa，压力上升至 2.2～2.5MPa 时通过拔管 10cm 继续进行灌注，直至孔口冒浆结束。Ⅱ序孔灌注时孔内吃浆量降低明显，压力上升时间较短。

图 4.1-94　检查孔注水试验

（3）注水试验测试

灌浆施工结束后，按照试验要求，选择了三排、两排、一排孔位置设置检查孔，并分别对三个检查孔进行了注水试验（图 4.1-94）。

单排孔位置灌浆后注水孔 J1 注水情况如表 4.1-61 所示。

根据现场灌浆后单排孔部位压水试验数据可知，回填地层的透水量有了一定的降低，但单排灌注效果仍不能达到防渗的要求。

		灌浆后注水孔 J1 试验结果		表 4.1-61
注水孔段(m)	注水量(L)	注水时间(min)	单位注水量(L/min)	备注
1.5～3.5	4000	10	400	无返水

两排孔位置灌浆后注水孔 J2 注水情况如表 4.1-62 所示。

		灌浆后注水孔 J2 试验结果		表 4.1-62
注水孔段(m)	注水量(L)	注水时间(min)	单位注水量(L/min)	备注
1.5～4.5	2950	10	295	无返水

根据现场灌后两排孔部位压水试验数据可知，回填地层的透水量降低明显，但作为防渗处理仍不能满足要求。

三排孔位置灌浆后注水孔 J3 注水情况如表 4.1-63 所示。

		灌后注水孔 J3 试验结果		表 4.1-63
注水孔段(m)	注水量(L)	注水时间(min)	单位注水量(L/min)	备注
1.5～2.5	1200	10	120	有返水
2.5～4.4	—	—	小于 0.5	有返水

根据现场灌后三排孔部位压水试验数据可知，回填地层的透水量降低较大，1.5～2.5m 孔段在成孔过程中易发生塌孔现象，在该孔段均为回填的大块石，成孔时可能造成一定扰动。2.5～4.4m 孔段，注水时产生较大返水，无法测得准确数据，后采用常水头测试，测试 1h 后保持水头基本不变，该孔段灌注效果能够满足回填地层的防渗要求，经计算后，可认为该层经水泥-低热沥青复合灌注后渗透系数小于 10^{-6} cm/s。

在检查孔成孔过程中，进行了取芯施工。根据取芯情况，每个检查孔内均取出了沥青结石，并且分布较多（图 4.1-95）。

（4）其他工艺测试

根据试验大纲要求，灌浆结束后进行了原位孔二次成孔、扫孔的施工工艺测试，经现场施工验证，对于灌注过低热沥青材料的孔位，通过地质钻或风动钻机均可二次成孔，其中 W3 孔及 N3 孔均采用二次扫孔自上而下的灌浆工艺进行了灌注，因此，自上而下灌浆工艺同样适用于低热沥青-水泥基灌浆材料复合灌浆施工。

（5）测试结果分析

① 根据现场试验，由于华氏泵排量小，且低热浆液扩散距离随着灌注时间的增加可能存在一定衰减，造成局部低热沥青灌注搭接效果不理想。

② 灌注过程中膏浆与低热沥青变浆时

图 4.1-95　检查孔取芯情况

会变换灌浆管道，同时继续灌注前为避免套管被筑，会上拔一段套管，变浆灌注后可能会造成该搭接部位灌注效果差，这与注水试验的情况相吻合。同时，对比采用同一华式泵进行膏浆与低热沥青的灌注的灌浆孔，单孔灌浆质量有了明显提高。

③ 根据现场注水孔取芯情况分析，均能在各检查孔中取出沥青结石，沥青扩散距离与一维、二维试验结论相符。

④ 华式泵较适合低热沥青灌浆施工，可根据不同工况、不同漏量选用不同型号的华式泵，极大地提高了低热沥青施工的灵活性。

4）试验中所遇问题的解决

在低热沥青现场原位试验的进行中，会遇到一些与最初的设计稍有偏差的问题。在试验中，结合现场条件、分析施工过程中的实际应用，对所遇到的问题进行了相应的改造，提高了低热沥青灌浆施工的效率。

（1）低热沥青灌浆泵排量和压力问题

在试验过程中，采用 G 型单螺杆泵作为低热沥青的泵送设备。在螺杆泵工作过程中，随着工作时间的延长，使 G 型螺杆泵的工作压力和排量显著降低，造成灌浆过程中浆液的扩散范围明显降低。

结合试验进行分析可知，造成该状况的主要原因为低热沥青材料黏度大、并且温度处于 $60 \sim 80℃$，且该材料遇水流动性会存在一定的降低，由此采用常规 G 型螺杆泵灌浆难以实现连续有效的泵送，需要对其进行改造。第一，要增加灌浆泵的泵送压力，克服低热沥青材料黏度大的影响，同时只有足够大的灌浆压力，才能保证灌浆过程中浆液遇水流动性降低时仍能保持连续的泵送；第二，灌浆材料自身温度为 $60 \sim 80℃$，转子与定子摩擦过程中将会产生更高的温度，这对泵体自身的寿命也有影响；第三，为保证低热沥青材料连续的泵送，需要在泵体上设置保温结构，与灌浆管路连接，以此避免灌浆过程中造成堵泵事故。

在此基础上设计了一款能够有效提高灌浆排量的新型灌浆泵灌浆排量为 $15m^3/h$，最大灌浆压力为 4MPa，其工作原理与螺杆泵一样，在灌浆过程中可以通过改变定子与转子之间的密合程度调整灌浆压力，使其不会很快地出现明显的压力降低；通过改变定子的材料，使其更能适应高温的工作状态，避免定子受高温造成的灌浆流量降低、灌浆压力降低的现象发生；在低热沥青和速凝膏浆复合灌浆的应用中，当由低热沥青变化为速凝膏浆灌浆的时候，尽量采用温水进行浆液搅拌，避免出现浆液温度骤降的情形，在灌浆完成后，也需要采用温水进行管路清洗。

后期的试验结果表明（图 4.1-96），经过改造的低热沥青灌浆设备能够保持灌浆流量恒定，灌浆压力在设备自身设计压力的范围内能够长时间工作，保证了低热沥青灌浆材料的持续灌注和有效扩散。

图 4.1-96　检查孔取芯情况

（2）低热沥青深孔灌浆问题

灌浆试验过程中，所进行的灌浆孔深均在 20m 以内，在试验过程中能够保证 20m 以内的孔深低热沥青灌浆材料有效灌注。而对于大于 20m 的灌浆孔将会对灌浆管路、灌浆设备和灌浆工艺提出更高的要求。

解决此问题，首先是进行更高压力、更大排量的灌浆泵，然后灌浆管路的保温也需要进行有效的方案设计。通过与灌浆泵制造厂家的交流，在设备上可以实现灌浆压力和灌浆排量同步增长的制造。

另外，需要对灌浆工艺进行一定的改变，如将自下而上灌浆工艺改变为自上而下。在试验过程中对此思路进行了验证。首先采用钻孔设备（风动潜孔钻机）在试验场地上成孔4.5m，进行低热沥青灌浆材料的灌注，灌浆完成后待凝；然后采用钻孔设备在原孔位进行第二段成孔，由试验可知，第二段成孔顺利，不存在低热沥青材料封堵冲击器的状况。在第二段的灌浆过程中，灌浆操作也较顺利，浆液扩散情况正常。

由以上的测试和改进过程可知，低热沥青灌浆材料在进行一定的设备改造和工艺改进后，可以实现灌浆深度 20m 以上应用。

（3）低热沥青灌浆应用范围问题

在本试验中，原位试验设计上部 4～6m 范围为回填土层，回填砾石、卵石等，下部采用原始地层进行灌浆试验，且原始地层较密实，可灌性差。试验完成后通过整理灌浆数据发现，在设计的四种灌浆材料配比中，均是在灌至上部 4～6m 时通过自然浆液变换至低热沥青灌浆材料灌注；同时，在试验孔灌注过程中采用过低热沥青灌注原始地层的试验。试验结果表明，对于密实的原始地层灌注低热沥青灌浆材料，吃浆量小，扩散范围也小，这与一维、二维试验的结果一致。

根据以上试验分析，低热沥青材料适合于存在较大孔（空）隙且存在动水的灌浆施工，对于鹅卵石、砾石地层也具有较好的可灌性。低热沥青灌浆材料对于帷幕防渗堵漏灌浆的效果显著。

在上述低热沥青灌浆工艺研究，一维、二维试验的基础上进行了原位试验，对灌浆设备进行了测试和改造，对低热沥青-水泥基灌浆材料复合灌浆工艺进行了测试，得到以下结论。

① 根据原位试验现场条件回填出适合低热沥青-水泥基灌浆材料复合灌浆施工的地层，对施工工艺、施工设备等进行了测试和检验，并根据现场施工情况进行了改造和完善，根据现场施工情况总结，本施工工艺趋于完善，更易于操作。

② 通过现场试验的记录分析，低热沥青-水泥基灌浆材料复合灌浆对于卵石层及大块石层更加适用，浆液损失少，封堵效果好，并且在灌浆经济性上也有一定的优势。

③ 经注水试验测试，低热沥青-水泥基灌浆材料复合灌浆效果良好，排除施工过程中的影响，三排孔位置的检查孔渗透系数可低于 1×10^{-6} cm/s，并且在注水前取芯中均可见沥青结石。

④ 原位灌浆试验完成后，试验区内进行了开挖，开挖成果显示在试验区内可见大量沥青结石，沥青与周围土体及水泥浆结石粘结紧密，防渗效果显著。

⑤ 在原位试验过程中遇到了一些影响灌浆施工的问题，通过不断地改进和优化灌浆工艺，改造了灌浆泵送设备，解决了深孔灌注工艺的问题，明确分析了低热沥青灌浆材料的使用范围，并对低热沥青灌浆大规模应用制定了相应的方案分析。

⑥ 对低热沥青结石体浸水后的水样按照《生活饮用水卫生标准》GB 5749—2006 进行毒理指标的检测，检测结果表明，浸泡后的水样仍能够满足《生活饮用水卫生标准》。

⑦ 对低热沥青与水泥-水玻璃、膏浆等常规堵漏灌浆材料进行经济性对比分析，低热沥青浆液封堵更为快速，可节省工期、降低综合单价，具有很好的推广应用价值。

5）低热沥青材料的环保性检测

对低热沥青灌浆材料同样进行了环保性检测。

低热沥青材料浆液结石体必然会与水体产生接触，其对周围水体的水质是否会产生影响，是本部分进行监测的重点。根据《生活饮用水卫生标准》，对浸泡低热沥青浆液结石体 3d 的纯净水进行水质检测，主要检测内容为水的毒理指标检测。《生活饮用水卫生标准》中关于毒理指标的规定为无机化合物为 21 项，有机化合物为 53 项。

通过第三方检测机构检测，根据检测结果，对比《生活饮用水卫生标准》上关于毒理指标的规定，低热沥青材料浆液结石体浸泡水水质符合《生活饮用水卫生标准》。

6）经济性分析

低热沥青-速凝膏浆复合灌浆技术的开发与应用，对于解决大孔隙动水条件的堵漏处理具有非常好的效果，若其经济性上与其他常规材料相比仍具有较高的可比性，会提高应用的竞争力。

（1）人员配备

低热沥青灌浆材料的灌浆施工人员配备与常规灌浆基本一致，并且对施工人员进行简单的培训即可掌握施工方法。

（2）灌浆施工时间

低热沥青灌浆操作简单，根据本试验的统计，低热沥青在浆液配制前需要进行沥青脱桶和加热，若有持续的热沥青供应，低热沥青与普通灌浆材料如水泥浆液、膏浆等材料的配制时间和泵送时间仍基本一致。

（3）低热沥青灌浆的能耗

低热沥青灌浆技术因其配置过程中需要将常温的沥青脱桶并加热到一定深度，这就增加了材料配制的能耗，与常规浆液的配备相比，其能耗基本可控制在 2∶1（低热沥青∶常规材料）。

（4）材料损耗

低热沥青灌浆材料主要是应用于大孔隙、动水条件的堵漏，由此在相同工况下进行比较分析，目前常用的此类工况的材料有水泥-水玻璃灌浆材料和膏浆，结合前期试验：

① 试验结果表明，对于孔隙率小于 40％、流速低于 1.9m/s 的地层，采用低热沥青浆液进行封堵时，浆液基本无流失，封堵速度快。

② 对于流速较大的架空结构，水泥-水玻璃浆液、普通膏状浆液难以快速封堵；流速大于 1.0m/s 时，浆液留存率均在 20％以内；流速 0.2m/s 时，浆液留存率可约达 40％。

③ 对于堵漏工程，流速大于 1.0m/s 的架空地层，低热沥青浆液留存率约为水泥-水玻璃、普通膏浆的 3 倍。

（5）材料单价

低热沥青浆液单位体积造价约为水泥-水玻璃、普通膏浆的 2 倍。

综上所述，低热沥青灌浆材料能耗相对较高、单价较贵，但对于同一工程，综合比较浆液耗量、计算完成灌浆的时间成本等综合经济性分析，低热沥青浆液封堵更为快速，可节省工期、降低综合单价。按此估算低热沥青浆液具有明显的优势。

4.1.4　预注浆浆液选用方法

浆液是注浆技术的核心，需根据加固地层结构、水量水流状态综合选取，高水压也是重要的影响因素（表 4.1-64）。常用的预注浆材料包括：水泥浆液、水泥-水玻璃浆液、聚氨酯、环氧树脂等。高水压作用下，需较高的注浆压力，纯水泥浆、水泥-水玻璃等双液浆的适用性需进行分析。

对于纯水泥浆液：①易于析水、分层、沉淀，高压作用下还具有水泥颗粒快速结团的特点，导致浆液可灌性变差、扩散半径变小；②高压作用下，纯水泥浆会较快凝结，有效灌注时间显著变短；③较小流速就易于稀释，浆液有效利用率很低。

对于水泥-水玻璃浆液，通常分孔口混合、孔底混合两种注浆方式：①采用孔口混合方式时，混合液在高注浆压力作用下通过钻孔时易发生凝固，达不到预期的浆液扩散范围，堵孔事故明显增加；②采用孔底混合方式时，高注浆压力作用下浆液混合不均匀，难以达到预期的凝固效果；③固结体耐久性较差，高水压作用下较短时间内可能会发生破坏。

深埋隧洞，高水压条件下应优先选用少析水不沉淀水泥基浆液、高压下流变性能缓变水泥基浆液；遇吃浆量较大情况时，采用水泥-水玻璃浆液施工经验多，可参考设计案例多；岩层灌注性很差时（灌不进）采用聚氨酯、环氧树脂等化学浆液；溶隙、溶孔或存在流水等条件时（灌不住），采用速凝型高压流变性能缓变水泥基浆液，特殊情况采用低热沥青浆液。

1）少析水不沉淀水泥基浆液

在水泥浆液中加入一定量的外加剂形成，可采用 2：1、1：1、0.7：1 三级水灰比，由稀向浓进行变换。

2）高压下流变性能缓变水泥基浆液

在水泥浆液中加入外加剂形成，高压条件下浆液流变参数变化较小，初凝结时间在 1～30min 范围内可调，采用 1：1、0.7：1、0.5：1 三级水固比，由稀向浓进行变换。0.5：1 水固比浆液为速凝型，主要用于无充填物的溶隙、溶孔段，或流速小于 1.0m/s 的涌水处理，浆液利用率高，经济性好。

3）化学浆液

化学浆液在出现"灌不进"情况时使用，主要为水溶性聚氨酯浆液、环氧树脂浆液。

水溶性聚氨酯浆液适用于富水、水泥基浆液吃浆量较少且要求固结体强度较低的洞段。环氧树脂浆液主要用于可灌性很差，且要求灌注后固结体强度高的透水段，如粉细砂、黏土等充填致密的断层带。

4）低热沥青浆液

主要用于较高流速的涌水处理。技术成熟，已形成配套的沥青浆液制备、浆液灌注设备，并应用于多个工程案例。

同孔段少析水不沉淀水泥基浆液、高压下流变性能缓变水泥基浆液变换时，制浆设备、灌浆设备不需要进行调换。

超前预注浆方案的选择

表 4.1-64

方案编号	探测水压（MPa）	出水量	岩体级别	预注浆方案
1	<1	小、中	Ⅳ、Ⅴ	每排 4 个注浆孔，不设中间排注浆孔 少析水不沉淀水泥基浆液
2		大	Ⅳ、Ⅴ	每排 4 个注浆孔，中间排设 3 个注浆孔 少析水不沉淀水泥基浆液；吃浆量较大时变换为高压下流变性能缓变水泥基浆液
3	1～2	小、中	Ⅳ、Ⅴ	每排 6 个注浆孔，不设中间排注浆孔 少析水不沉淀水泥基浆液
4		大	Ⅳ、Ⅴ	每排 6 个注浆孔，中间排设 3 个注浆孔 1、3 排孔：高压下流变性能缓变水泥基浆液 2、4 排孔和中间排孔：少析水不沉淀水泥基浆液
5	2～4	小	Ⅳ、Ⅴ	每排 6 个注浆孔，中间排设 3 个注浆孔 少析水不沉淀水泥基浆液
6		中	Ⅳ、Ⅴ	每排 8 个注浆孔，中间排设 3 个注浆孔 少析水不沉淀水泥基浆液
7		大	Ⅳ、Ⅴ	每排 8 个注浆孔，中间排设 3 个注浆孔 1、3 排孔：高压下流变性能缓变水泥基浆液 2、4 排孔和中间排孔：少析水不沉淀水泥基浆液

方案编号	探测水压 （MPa）	出水量	岩体级别	预注浆方案
8		小	Ⅳ、Ⅴ	每排 8 个注浆孔，中间排设 4 个注浆孔 少析水不沉淀水泥基浆液
9	>4	中	Ⅳ、Ⅴ	每排 10 个注浆孔，中间排设 4 个注浆孔 1、3 排孔：高压下流变性能缓变水泥基浆液 2、4 排孔和中间排孔：少析水不沉淀水泥基浆液
10		大	Ⅳ、Ⅴ	每排 12 个注浆孔，中间排设 6 个注浆孔 1、3 排孔：高压下流变性能缓变水泥基浆液 2、4 排孔和中间排孔：少析水不沉淀水泥基浆液

假设孔位按图 4.1-97 布设时：先钻灌 1 排、3 排，再施工 2 排、4 排，最后施工中间排；每排孔分序间隔施工；1 排、2 排、3 排、4 排孔灌注段为孔底至隧洞周边线；中心孔灌注段为孔底到止浆岩盘预留位置；每排孔灌注材料根据前述方案进行选取。

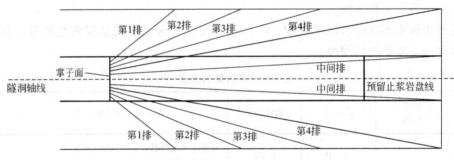

图 4.1-97　孔位布设假定图

4.2　灌浆堵漏机理研究

灌浆工程中水流现象和浆液流动现象非常复杂，受地质条件、地下水流速、浆液性能及灌浆施工工艺等影响较大，采用模拟试验对浆液堵漏机理进行了分析。

4.2.1　试验模型

1）块石架空地层试验模型

长×宽×高为 3m×0.5m×0.5m 的试验水槽，用多台抽水泵调节水槽内水流速度和流量。堵漏灌浆模型由高强钢化玻璃和角钢拼接而成，试验装置由试验水槽、集水槽、抽水泵和灌浆设备等组成（图 4.2-1）。该试验装置可通过加入块石等模拟不同的孔隙大小（最大可以达到 0.5m）；通过抽水泵可以模拟不同的水流速度，模型的长度可满足浆液扩散距离 2m 的要求；通过模型侧壁的钢化玻璃可以观察到灌浆浆液在动水条件下的扩散和充填堵水情况，确定浆液的扩散距离。通过该试验模型可以对不同浆液在不同孔隙和水流速度下的堵漏灌浆效果进行分析，同时可对不同堵漏材料的灌浆工艺进行检验。

2）岩溶地层堵漏试验模型

为了模拟岩溶地层涌水堵漏情况，加工制作了堵漏模拟试验装置，如图 4.2-2 所示。模拟试验装置为有机玻璃板组成的水箱，顶盖可拆卸。为了提高有机玻璃板的承压能力，水箱上下板通过角钢和螺栓进行加强固定，出水口直径为 $\phi 75$mm。模型尺寸为 2m×0.3m×0.2m，试验水头可达 2m，流速约为 0.5m/s。

图 4.2-1　块石架空地层堵漏抗冲模拟试验装置

图 4.2-2　岩溶地层堵漏模拟试验装置

4.2.2　模型试验

1. 膏浆模拟试验

水槽内下垫层主要选取了玻璃板底层和架空结构底层。水流速度分别为 0.2m/s、0.4m/s、0.7m/s、1.0m/s、1.5m/s，灌浆注入率控制为 5L/min 左右，抗冲时间为 30min。

1）速凝膏浆

采用凝结时间较短的 3 号浆液（表 4.2-1）。

速凝膏浆抗冲模拟试验结果　　　　　　　　　　　　　　　　　　表 4.2-1

序号	流速 (m/s)	水深 (cm)	浆液留存率 (%)	初凝时间 (min)	1d 抗压强度 (MPa)	备注
1	0.2	4	88	25	2.5	
2	0.4	4.5	83	25	2.2	抗压强度为抗冲 后留存浆液的试 验值
3	0.7	5	71	30	2.3	
4	1.0	6	60	30	2.2	
5	1.5	6.5	52	35	2.5	
6	1.5	12	64	30	2.9	架空结构

如图 4.2-3～图 4.2-5 所示，随着水流速度的增加，膏浆浆液的留存率逐渐减少，当水流速度超过 1.0m/s 时，浆液的留存率仅有 60%。

图 4.2-3　玻璃板底层抗冲模拟试验

图 4.2-4　架空结构抗冲模拟试验

图 4.2-5　玻璃板底层和架空结构底层抗冲后留存浆液

速凝膏浆抗冲后留存浆液的初凝时间、固结体的 1d 抗压强度与原状浆液相比变化不大。

2）掺膏浆外加剂的新型速凝膏浆

灌浆堵漏浆液采用 G3 浆液（表 4.2-2）。

不同水流速度下新型速凝膏浆抗冲模拟试验结果　　　　表 4.2-2

序号	流速 （m/s）	水深 （cm）	浆液留存率 （%）	初凝时间 （min）	1h 抗压强度 （MPa）	备注
1	0.2	4.0	90	20	1.6	
2	0.4	4.5	85	20	1.4	抗压强度为抗冲后留存浆液的试验值
3	0.7	5.0	75	25	1.5	
4	1.0	6.0	70	25	1.4	
5	1.5	7.0	60	30	1.5	
6	1.5	12.0	74	25	1.7	堆石架空结构

注：流速指的是水槽内水流的平均流速，抗冲时间为 30min。

所采用配比的新型膏浆具有一定的抗水流冲击性能，当水流速度为 0.2m/s 时，冲击 30min 后浆液的留存率可达 89%，随着时间推移，浆液的抗冲能力不断增强，2h 后浆液的留存率仍可达 75% 以上。对于玻璃板底层，随着流速增加，浆液的留存率在减少，但水流速度达到 1.5m/s 时，浆液的留存率仍达 50% 以上；对于架空结构底层，水流速度达到 1.5m/s 时，浆液留存率达到 70%，表明掺入外加剂后的水泥膏浆适合于流速小于 1.5m/s 大孔隙结构的动水条件下堵漏。留存浆液的初凝时间、固结体的 1h 抗压强度与原状浆液相比变化不大，说明所用新型膏浆具有良好的水下不分散性和抗水流稀释性。

2. 改性沥青模拟试验

在室内进行了不同水流速度条件下的热沥青浆液抗冲模拟试验（图 4.2-6、图 4.2-7）。考虑浆液的抗水流冲击能力、浆液的扩散距离及模型试验相似性，在试验模型内放入 10～30cm 的石块堆积体，堆石体长 1m，高 0.3m，孔隙率约为 35%，通过抽水泵调节堆石体孔隙中的水流速度。

图 4.2-6　改性热沥青灌浆堵漏试验模型

图 4.2-7　试验用改性热沥青灌浆系统

采用掺 5%G1 改性剂的水工沥青和掺 6%GF 改性剂的道路沥青（表 4.2-3）。

分别进行了水流速度为 0.5m/s、1.0m/s、1.5m/s 的沥青灌浆堵漏模拟试验，流速为孔隙内平均流速，灌浆管距堆石体底部约 5cm。

不同流速下沥青灌浆堵漏模拟试验结果　　　　　　　　　　表 4.2-3

序号	水流速度 （m/s）	灌前水深 （cm）	堵漏时间 （min）	灌后水深 （cm）	浆液留存率 （%）	备注
1	0.5	14	3	32	95	掺 5%GL1 的改性沥青
2	1.0	16	4	32	86	
3	1.5	20	6	32	75	
4	0.5	14	3	31	96	掺 6%GF 的改性沥青
5	1.0	16	4	31	90	
6	1.5	20	5	31	80	

注：水从堆石体顶部漫过。

沥青浆液灌入渗漏通道遇水后，表面迅速凝固成团，起到减小渗漏通道的作用，而热沥青的内部仍然具有很好的流动性，在泵压作用下浆液能继续向前扩散。随着时间的增加，前面灌入的沥青逐渐冷却凝固封堵住渗漏通道。当顺水流方向的浆液凝固后，浆液会向逆水流方向扩散。

3. 低热沥青模拟试验

为了检验低热沥青浆液的可灌性及抗水流冲击性能，在室内进行了不同水流速度条件下的低热沥青浆液抗冲模拟试验。

1) 块石架空地层低热沥青堵漏灌浆模拟试验

在试验模型内放入 10～30cm 的块石，堆石体长约 1m，高约 0.3m，孔隙率约为 35%，通过抽水泵调节堆石体孔隙中的水流速度。分别进行了水流速度为 0.5m/s、1.0m/s、1.5m/s 的低热沥青灌浆堵漏模拟试验，流速为孔隙内平均流速，灌浆管距堆石体底部约 5cm，低热沥青浆液采用 2 号配比浆液。试验结果如表 4.2-4 所示，低热沥青模拟堵漏灌浆情况见图 4.2-8。

不同水流速度下低热沥青堵漏灌浆模拟试验结果　　　　　表 4.2-4

序号	水流速度 (m/s)	灌前水深 (cm)	堵漏时间 (min)	灌后水深 (cm)	浆液留存率 (%)	备注
1	0.5	14	3	32	96	水从堆石体 顶部漫过
2	1.0	16	4	32	85	
3	1.5	20	6	32	79	

图 4.2-8　块石架空地层低热沥青模拟堵漏灌浆情况

由于室内试验条件限制，将水流速增大到 2m/s，对试验装置的要求更高，同时根据室内试验结果及灌浆施工经验，在 1.5m/s 的水流速条件下浆液留存率仍能保持在 75% 以上，已能满足多数堵漏工程对灌浆材料的要求。

堵漏模拟灌浆试验结果表明，低热沥青浆液灌入渗漏通道遇水后，表面迅速凝固成团，起到减小渗漏通道的作用，而热沥青的内部仍然具有很好的流动性，在泵压和水流作用下浆液能继续向前扩散。随着时间推移，前面灌入的沥青逐渐冷却凝固封堵住渗漏通道。当顺水流方向的浆液凝固后，浆液会向逆水流方向扩散。

当水流速度较小时，浆液基本上全能留在堆石体内，当水流速度达到 1.5m/s 时，浆液的留存率也在 75% 以上。由于受试验条件限制，堆石体长度仅为 1m，实际灌浆过程中，堆石体渗径长，出水口有反滤保护，浆液的留存率应大于室内模拟试验结果。

2）岩溶地层低热沥青堵漏灌浆模拟试验

为了模拟岩溶地层涌水堵漏情况，以及观察低热沥青浆液在动水中的扩散情况，分别模拟了钻孔孔径为 ϕ170mm 和 ϕ75mm 的低热沥青堵漏情况（图 4.2-9）。对于 ϕ170mm 的孔径采用模袋进行孔口封闭。采用表 4.2-1 中的 3 号配比浆液。

图 4.2-9　不同孔径岩溶地层涌水堵漏模拟情况

沥青加热采用自制的导热油加热系统，搅拌机采用带保温功能的自制强力搅拌机，灌浆管路采用带保温功能的自制灌浆管，灌浆泵选用 4 寸螺杆泵。通过调节进水管的水量调整水槽中的流速。低热沥青通过注浆管灌入灌浆孔后下沉至有一定流速的水槽，观察低热沥青在水槽中的封堵情况。

岩溶地层不同流速下低热沥青堵漏灌浆模拟试验结果见表 4.2-5。低热沥青浆液在不同直径的孔中及模拟裂隙中的扩散情况见图 4.2-10 和图 4.2-11。

图 4.2-10　低热沥青浆液在 ϕ170mm 孔中及模拟裂隙中的扩散情况

图 4.2-11　低热沥青浆液在 φ75mm 孔中及模拟裂隙中的扩散情况

岩溶地层不同流速下低热沥青堵漏灌浆模拟试验结果　　　　　表 4.2-5

序号	水流速度 （m/s）	堵漏时间 （min）	灌入沥青量 （L）	浆液留存率 （%）	备注
1	0.5	3	20	92	低热沥青的 温度为 70℃
2	1.0	4	22	82	
3	1.5	5	25	74	

　　试验结果表明，低热沥青浆液具有良好的流动性和抗水流冲击性能，不会被水流稀释，即使被水流冲散，仍会慢慢积聚在一起。由于浆液的密度大于水的密度，浆液灌入孔中后在自重和灌浆压力作用下迅速沉降到渗漏通道位置，然后在灌浆压力和水流压力的作用下不断向前扩散，随着时间推移，浆液黏度增大，浆液逐渐沉积在渗漏通道中，截断渗漏通道，封堵住漏水。

　　低热沥青浆液在模拟堵漏试验中的扩散距离达到了 2.5m，且流速越大顺水流方向扩散距离越远，灌浆孔径对低热沥青浆液堵漏灌浆效果影响不大，浆液均不会在孔内凝固，低热沥青浆液适合于高流速岩溶地层涌水的堵漏灌浆。

　　从表 4.2-5 中可以看出，水流速度在 0.5m/s 时，低热沥青的堵漏效率较高，达到了 90% 以上。水流速度在 1.5m/s 时，低热沥青堵漏仍具有良好的封堵效果，浆液留存率在 70% 以上。

　　本节主要对研发的低热沥青浆材进行了室内堵漏模拟试验，包括块石架空地层堵漏模拟试验和岩溶地层堵漏模拟试验。

　　（1）根据大空隙地层堵漏灌浆的特点和要求，分别设计制作了块石架空地层和岩溶地层室内大型动水堵漏灌浆试验模型。

　　试验模型均由高强钢化玻璃和角钢拼接而成。通过调节结构可以模拟不同的孔隙和裂隙大小，通过水泵可以模拟不同的水流速度；模型的长度可满足浆液扩散距离 2m 的要求。岩溶地层涌水堵漏模拟试验装置试验水头可达 2m。

（2）低热沥青灌浆模型试验结果表明：研发的低热沥青浆液在 70℃具有良好的流动性和可灌性，可满足灌浆要求；研发的热沥青灌浆系统的加热及搅拌设备能满足控制温度 60～100℃的灌浆要求，提出的灌浆工艺可行。

（3）低热沥青浆液对于地下水流速大于 1.5m/s 的大空隙地层具有较好的堵漏效果，可在具体工程中推广应用。

4.3　灌浆数值分析模型研究

根据力学平衡原理，假设灌浆堵漏浆液整体抗冲，提出了单通道灌浆堵漏模型，编制了相应的计算程序，对不同地层、不同流速和不同浆液的堵漏效率和效果进行了模拟计算。

4.3.1　灌浆模型

浆液在灌浆压力作用下进入动水地层中，首先在无上壁限制的情况下抵抗水流的冲释作用，然后沉淀下来，并逐步向周围扩散。当浆液沉淀、扩散距离达到空隙通道上壁时，受到上部地层的限制，其将在灌浆压力作用下，逐步在空隙中扩散，形成明显的扩散前沿，逐步达到堵漏所需的扩散半径，基于这一形式建立适合不同地层的灌浆分析模型（图 4.3-1、图 4.3-2）。

图 4.3-1　无上壁限制大空隙浆液堵漏充填情况

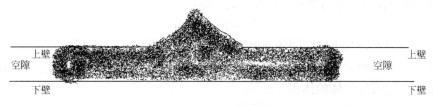

图 4.3-2　有上壁限制大空隙浆液堵漏充填情况

1. 基本假设

（1）浆液在灌浆过程中是整体抵抗水流的冲击，不考虑水流的稀释作用。

（2）在无上壁限制空隙灌浆时，灌入的浆液从浆液堆积体的上部不断加入，从而使堆积体半径不断增长，即新灌入的浆液在堆积体的外部；而在有上壁限制空隙堵漏时，灌入的浆液从堆积体的中底部加入，从而推动浆液外部的堆积体在空隙中不断向外增长，即新灌入的浆液在堆积体的中心位置。

（3）在无上壁限制空隙灌浆时，浆液堆积体为圆锥体；有上壁限制空隙堵漏时，浆液在空隙中呈圆柱形向外扩散。

（4）灌浆过程中，浆液堆积体将被水流冲刷部分浆液，新灌入的浆液将首先补充被冲走部分，然后才进行扩散。若新灌入的浆液量小于被冲走的浆液量，浆液堆积体就不能进行扩散，堵漏施工失败。

（5）灌浆过程不考虑灌浆压力的作用，即认为灌浆泵灌入的浆液全部进入其所占据的空间，浆液的扩散半径决定于灌浆泵泵入的浆液总量和水流的冲走部分。灌浆压力的影响主要通过影响灌浆泵的排量来体现。

2. 灌浆模型

1）无上壁限制

灌入的堵漏浆液在灌浆泵的作用下，进入无上壁限制空隙，形成圆锥体堆积体，在地下水流的冲击下，应判断整个圆锥体的整体稳定性。

取整个堆积体作为研究对象，受到的滑动力为水流的冲击力，即：

$$F_h = F_l \tag{4.3-1}$$

水流的冲击力根据冲量定理计算：假设在 t 时间内，冲击到浆液堆积体的水流速度变为 0，则根据冲量定理有：

$$F_l \cdot t = m(v_0 - v_t) = \rho_0 \cdot V \cdot v = \rho_0 \cdot A \cdot L \cdot v \tag{4.3-2}$$

将时间 t 移到右边，有：

$$F_l = \rho_0 \cdot A \cdot \frac{L}{t} \cdot v = \rho_0 A v^2 \tag{4.3-3}$$

式中 F_l——水流的冲击力；

       ρ_0——水的密度；

       A——堆积体的挡水面积；

       v——水流的流速。

堆积体的抵抗滑动力主要包括堆积体与下壁的摩擦力和浆液的黏聚力，即：

$$F_k = F_m + F_n \tag{4.3-4}$$

其中，堆积体与下壁的摩擦力可按下式计算：

$$F_m = \gamma' \cdot Q \cdot f \tag{4.3-5}$$

式中 F_m——堆积体与下壁之间的摩擦力（N）；

       γ'——浆液的重度，由于堵漏通常在水下进行，采用浆液的浮重度，（N/m³）；

       Q——浆液堆积体的体积（m³）；

       f——浆液与下壁之间的摩擦系数。

浆液的黏聚力 F_n 按下式计算：

$$F_n = \tau \cdot A \tag{4.3-6}$$

式中 F_n——浆液的黏聚力（N）；

       τ——浆液的剪切屈服强度（Pa）；

       A——浆液的滑动面面积，整体稳定性分析时，为堆积体的底面积（m²）。

如果浆液堆积体的滑动力大于抗滑力，浆液堆积体将在水流冲击力的作用下，产生整体滑动。此时，需要分析在给定时间间隔 Δt 中，堆积体滑动的距离若大于堆积体的底半径，即认为浆液无法形成有效的堆积体，将全部被水流冲走。若堆积体滑动的距离小于堆积体的底半径，超过堆积体底半径的浆液部分也认为被水流冲走，此时剩下的浆液将与新灌入的浆液一起在下一时刻 $t + \Delta t$ 形成新的堆积体。对新的堆积体再进行整体稳定性分析，直至浆液堆积体的滑动力小于抗滑力。若始终不能满足滑动力小于抗滑力的条件，则认为堵漏不成功。

如果浆液堆积体的滑动力小于抗滑力，浆液堆积体整体稳定，但其在水流冲击力的作用下，其外缘将产生水力淘刷，如图 4.3-3 所示。

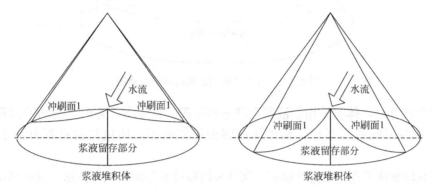

图 4.3-3　浆液堆积体的水流冲刷示意图

假设冲刷面为通过圆锥体顶点和垂直水流中轴线的圆弧面，取浆液留存部分的一半作为研究对象，分析稳定性，其受到的滑动力主要为水流的冲击力。显然，当冲刷部分较少时，水流的冲击力为最大的挡水面积；当冲刷部分超过一半时，浆液留存部分的水流冲击力也将逐步减小。

浆液留存部分的抗滑力同样包括两部分：浆液与下壁的摩擦力和浆液自身的黏聚力。体积采用浆液留存部分的体积。滑动面面积不仅包括留存部分与下壁的底面积，还包括圆锥体冲刷面的侧面积。

为了获取浆液堆积体的受冲刷面，参照河岸冲刷和土体滑裂的有关研究成果，假设浆液堆积体的冲刷面为通过堆积体上部中轴点的圆弧。为获取最危险的滑裂面，需要通过试算。即假设堆积体底部的不同滑出点和滑出圆弧的圆心，形成一个冲刷体，分别计算其抗滑力和滑动力，并比较其大小，直至找到滑动力等于抗滑力的滑裂体，计算浆液留存部分的体积，此部分浆液与新灌入的浆液一起在下一时刻 $t + \Delta t$ 形成新的堆积体，再进行类似的计算，直至浆液堆积体的半径扩散到浆液堆积体全部进入空隙，开始有上壁限制的扩散过程（图 4.3-4）。

图 4.3-4　浆液扩散进入有上壁限制时刻示意图

2) 有上壁限制的空隙堵漏

浆液进入有上壁限制扩散后，也分别计算其滑动力和抗滑力，滑动力同样主要是水力的冲击力，其受水流淘刷的形式如图 4.3-5 所示。计算时需要注意挡水面积。

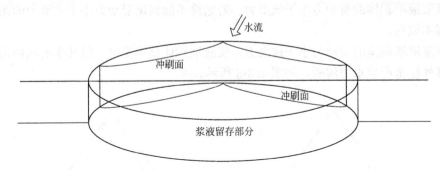

图 4.3-5 有上壁限制扩散的冲刷示意图

摩擦力计算时，体积采用浆液留存部分的体积。黏聚力计算时，滑动面面积不仅包括留存部分与下壁的底面积、圆锥体冲刷面的侧面积，还包括留存部分与上壁的底面积。

为了获取浆液堆积体的受冲刷面，同样采用假设滑裂面的试算方法，找出滑动力等于抗滑力的滑裂体，计算浆液留存部分的体积，此部分浆液与新灌入的浆液一起在下一时刻 $t+\Delta t$ 形成新的堆积体，再进行类似的计算，直至浆液堆积体的半径扩散到设定的要求值。

至此，这个单孔的扩散堵漏的过程就完成。

3) 程序编制

根据以上的堵漏过程和堵漏模型，可以编制计算程序对堵漏过程进行模拟。程序框图如图 4.3-6 所示。

4.3.2 主要参数

1. 圆锥体尺寸

对于有明显空隙的地层进行灌浆堵漏时，灌浆浆液在灌浆压力作用下垂直落到地层的底部，受浆液本身的黏聚力影响，浆液在逐步堆积，假设堆积体的形状为圆锥体，不考虑水流等其他外部因素影响，该圆锥体的尺寸只与浆液本身的特性（浆液的剪切屈服强度）有关。

为了获得浆液的剪切屈服强度与圆锥体尺寸的关系，假设一个上下口一样的开口圆柱体，将灌浆浆液倒入该圆柱体中，并全部充满圆柱体。在某一时刻，突然将圆柱体上拔起，浆液将在自身重力和浆液黏聚力作用下向下塌落，假设塌落的浆液对圆柱体中剩余的浆液没有影响，则将形成一圆锥体，即为需要获取的堆积体的形状（图 4.3-7）。

选取不同浆液的剪切屈服强度值，并假设不同的圆柱体高度 h 与圆底半径 r 的比值分别为 1、2 和 3，计算了浆液的屈服强度 τ 对应的堆积体的倾角，如表 4.3-1、图 4.3-8 所示。

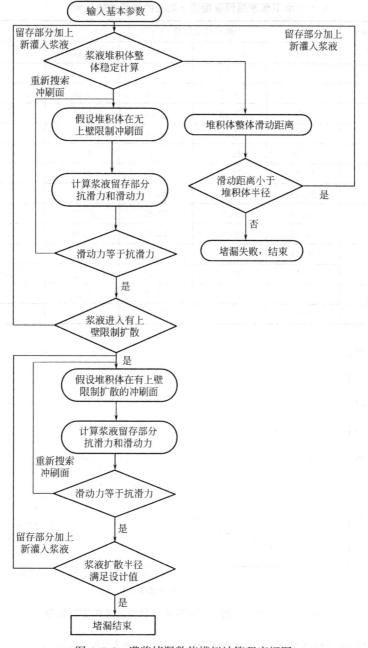

图 4.3-6　灌浆堵漏数值模拟计算程序框图

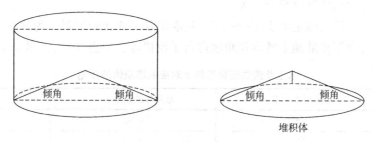

图 4.3-7　堆积体圆锥试验示意图

水下浆液屈服强度值 τ 对应的堆积体的倾角　　　　　　　　表 4.3-1

序号	屈服强度 τ (Pa)	堆积体的倾角 θ(°)				典型代表浆液
		$h/r=1$	$h/r=2$	$h/r=3$	最大误差	
1	2	2.19	1.93	2.19	0.26	1：1浆液
2	5	3.72	3.97	3.72	0.25	0.8：1浆液
3	10	6.14	5.78	6.14	0.36	0.6：1浆液
4	20	9.65	9.98	9.65	0.33	0.5：1浆液
5	30	12.75	12.30	12.75	0.45	—
6	50	17.76	17.27	17.76	0.49	—
7	75	23.00	23.39	23.00	0.39	—
8	100	29.15	28.66	29.15	0.49	—
9	125	34.44	34.63	34.27	0.36	普通膏浆
10	150	39.88	40.22	39.88	0.34	—
11	175	—	46.66	46.36	0.3	120℃改性热沥青
12	200	—	55.41	55.69	0.28	速凝膏浆
13	225	—	—	71.36	—	

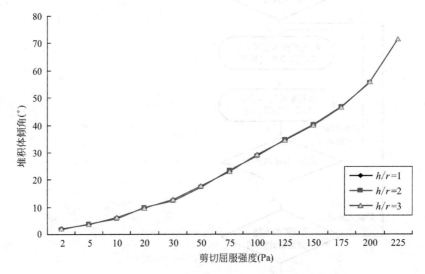

图 4.3-8　水下浆液屈服强度值 τ 对应的堆积体的倾角

　　不同圆柱体的长高比所计算出的倾角基本一致，最大误差不超过 0.5°，因此模型中圆柱体的长高比对倾角的计算影响不大。

　　通常情况下，倾角满足大于 15°～20°，其堆积效果才比较明显。为进一步分析膏浆的自堆积特性，对膏浆在陆地上的堆积角度进行了模拟计算如表 4.3-2、图 4.3-9 所示。

水上浆液屈服强度值 τ 对应的堆积体的倾角　　　　　　　　表 4.3-2

序号	屈服强度 τ(Pa)	堆积体的倾角 θ(°)	备注
1	2	0.92	
2	5	2.14	

续表

序号	屈服强度 τ(Pa)	堆积体的倾角 θ(°)	备注
3	10	3.67	
4	20	5.44	
5	30	7.42	
6	50	10.33	
7	75	13.48	
8	100	15.97	
9	125	19.40	普通水泥膏浆
10	150	21.15	
11	175	23.80	
12	200	26.44	水科院速凝膏浆
13	225	29.07	
14	250	31.66	100℃改性热沥青
15	300	35.84	
16	310	37.46	
17	325	46.40	
18	350	84.26	

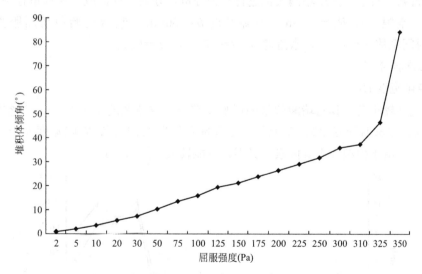

图 4.3-9　水上浆液屈服强度值 τ 对应的堆积体的倾角

陆地上的堆积体倾角要远小于水下封堵时的倾角。在圆锥体堆积体尺寸计算模型中做了一定的假设，有可能导致在计算高屈服强度、大倾角浆液堆积体时存在误差。

2. 下垫面的影响

地层底部可能为平整岩石、起伏岩石、卵石、砂石等，其与浆液之间的摩擦系数不同，因此需要考虑不同浆液与不同下垫面的摩擦系数对浆液堆积体抵抗水流冲击力的影响。

4.3.3 参数敏感性分析

1. 基本参数

灌浆浆液在堵漏过程中，从抵抗水流的冲击，并逐步扩散达到设计所要求的半径，其影响的因素很多，主要包括以下几个参数（图4.3-10）：

（1）堵漏空隙的尺寸参数，空隙宽度 R_b 和空隙开度 b。

（2）浆液性能参数，主要是浆液初始剪切屈服强度 τ 以及剪切屈服强度随时间变化规律。

（3）其他参数，水流速度 v 和浆液与下垫层的摩擦系数 f。

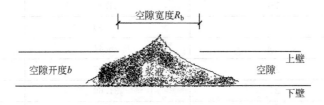

图4.3-10　灌浆堵漏空隙的尺寸参数

对堵漏效果的评价主要根据两个指标进行分析：达到设计扩散半径（一般为2m）的时间和最后浆液的留存率。

普通膏浆，对某一典型堵漏实例进行相关分析，分别计算扩散半径和留存率。其基本参数如下：空隙宽度 $R_b=0.5\text{m}$，空隙开度 $b=50\text{mm}$，浆液初始剪切屈服强度 $\tau_0=125\text{Pa}$，时间系数 $a=0.002$，水流速度 $v=0.5\text{m/s}$、$f=0.2$。

2. 敏感性分析

1）空隙宽度 R_b

空隙宽度较小时，其对堵漏效果的影响比较小。空隙宽度小于0.7m，当空隙宽度变化100％时，堵漏时间变化为45.44％，注入量变化为45.42％；空隙宽度大于0.7m，其变化加快，但由于模型假设等因素，其误差可能较大（图4.3-11）。

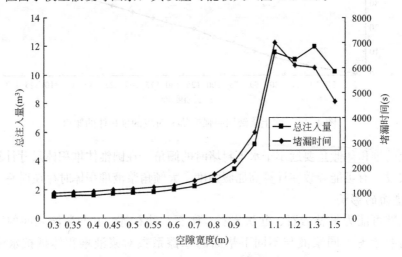

图4.3-11　空隙宽度对灌浆堵漏的影响

2）空隙开度 b

空隙开度较小时，堵漏灌浆比较容易，随着开度不断增加，堵漏时间和总注入量将快速上升（图 4.3-12）。空隙开度小于 65mm，当空隙开度变化 100％时，堵漏时间变化为 206.39％，注入量变化为 205.83％；空隙开度大于 65mm，其变化加快，灌浆难度进一步加大，当开度为 80mm 时，灌浆时间达到 5.5h，注浆量为 43.86m³，留存率仅为 2.28％，堵漏效率极为低下，在开度大于 100mm 时，甚至出现堵不住的情况，说明普通水泥膏浆在 0.5m/s 的地层堵漏工程中，其有效堵漏开度要小于 80mm。

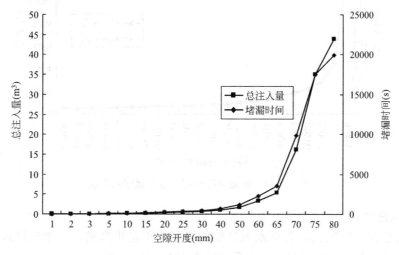

图 4.3-12　空隙开度对灌浆堵漏的影响

3）初始剪切屈服强度

浆液初始剪切屈服强度大于 110Pa，当剪切屈服强度变化 100％时，堵漏时间变化为 126.97％，注入量变化为 130.35％。浆液初始剪切屈服强度小于 110Pa，灌浆堵漏的效率低下，在浆液初始剪切屈服强度为 80Pa 时灌浆时间达到 5.2h，注浆量为 41.38m³，留存率仅为 1.51％，堵漏效率极为低下（图 4.3-13）。

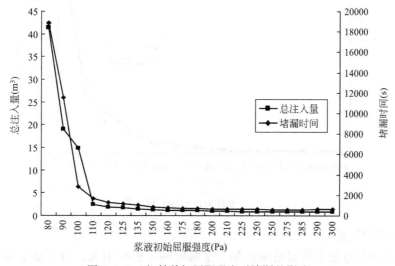

图 4.3-13　初始剪切屈服强度对堵漏的影响

4）屈服强度时间系数 *a*

当浆液初始剪切屈服强度时间系数变化100％时，堵漏时间变化为130.99％，注入量变化为132.46％。但当时间系数小于0.002时，堵漏所需的时间大为增加（图4.3-14）。

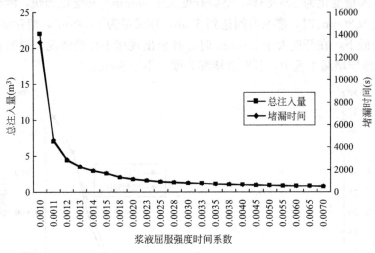

图 4.3-14　屈服强度时间系数对灌浆的影响

5）水流速度

水流速度小于0.5m/s，普通水泥膏浆的堵漏效率是很高的，当水流速度变化100％时，堵漏时间变化为107.67％，注入量变化为107.59％。水流速度大于0.5m/s，其对灌浆堵漏的影响很大，当水流速度变化100％时，堵漏时间变化为2898.7％，注入量变化为3372.8％。在水流速度大于0.6m/s之后，普通水泥膏浆的堵漏效果极其有限，出现堵不住的情况（图4.3-15）。

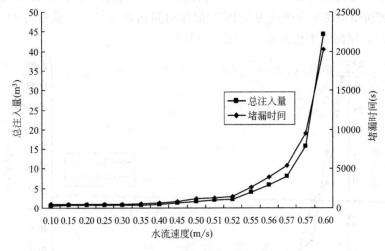

图 4.3-15　水流速度对灌浆堵漏的影响

6）下垫层摩擦系数 *f*

浆液与下垫层摩擦系数对堵漏效果、堵漏时间等影响不大，当下垫层摩擦系数变化

100%时，堵漏时间变化为 73.83%，注入量变化为 73.8%（图 4.3-16）。

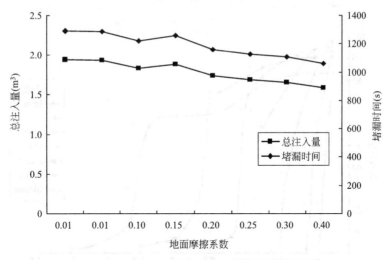

图 4.3-16　下垫层摩擦系数对灌浆堵漏的影响

在实际工程中，效果与空隙的开度、浆液的剪切屈服强度及其增长速度和水流速度关系很大，其中在低水流地层中，空隙开度影响因子最大，其次为浆液的力学性能指标，而在高水流地层中，水流速度的影响因子最大，其次为空隙开度。在低水流、小开度地层中，常用普通水泥膏浆就能取得良好的堵漏效果，而在高水流、大开度地层中，普通水泥膏浆取得的效果和堵漏效率都比较差，应选用初始剪切屈服强度高及其增长速度快的浆液，如速凝膏浆、热沥青等。

4.3.4　典型材料分析计算

根据目前经常采用的典型堵漏灌浆材料的物理力学性能指标（表 4.3-3），对其堵漏效果进行了模拟计算。

典型堵漏材料性能指标

表 4.3-3

序号	堵漏材料名称	初始屈服强度(Pa)	时间系数
1	0.5:1 水泥浆	20	0.001
2	普通水泥膏浆	50	0.002
3	普通水泥膏浆	125	0.002
4	速凝膏浆	200	0.01
5	热沥青	250	0.02

选用空隙宽度为 0.5m，下垫层摩擦系数为 0.2，针对不同的水流速度、空隙开度进行模拟计算。

1. 普通水泥浆（0.5:1 水灰比）

水泥浆在不同裂隙开度和水流速度下的堵漏效果。若将浆液留存率大于 60% 以上认为堵漏效果显著，该浆液比较适合该地层的堵漏灌浆，则可以从图 4.3-17 中方便地进行分析，如空隙开度为 50mm 时，0.5：1 的水泥浆液比较适合水流速度小于 0.2m/s 的堵漏灌浆。

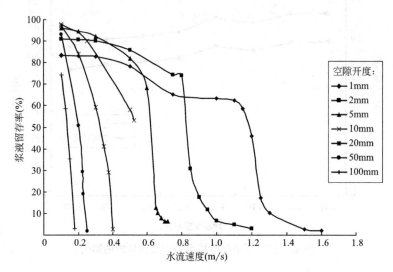

图 4.3-17 纯水泥浆灌浆堵漏模拟计算

2. 膏浆

若将浆液留存率大于 60％以上认为堵漏效果显著，该浆液比较适合该地层的堵漏灌浆，则可以从图 4.3-18 中方便地进行分析，如空隙开度为 50mm 时，该普通水泥膏浆比较适合水流速度 0.45m/s 左右的堵漏灌浆。

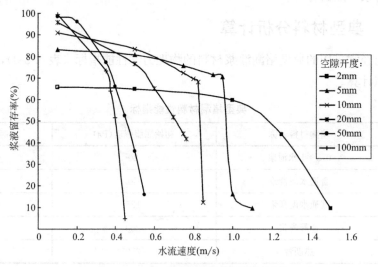

图 4.3-18 普通膏浆灌浆堵漏模拟计算

3. 速凝膏浆

若将浆液留存率大于 60％以上认为堵漏效果显著，该浆液比较适合该地层的堵漏灌浆，则可以从图 4.3-19 中方便地进行分析，如空隙开度为 50mm 时，速凝膏浆比较适合水流速度 0.85m/s 左右的堵漏灌浆。

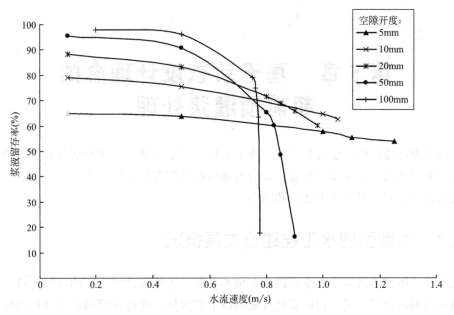

图 4.3-19　速凝膏浆堵漏模拟计算

第5章 基于动态设计理念的超前预灌浆处理

综合考虑环境保护、水资源保护、施工工期、灌浆方案针对性和动态调整等诸多方面的因素，采用动态的灌浆设计理念，是隧洞灌浆施工的发展方向，在经济效益、社会效益和生态效益等方面具有巨大的优势和潜力。

5.1 大型引调水工程建设发展概况

我国是总体缺水的国家，水资源分布很不平衡。水资源已成为制约我国经济、社会和环境协调发展的重要因素。目前宏观政策是以节能减排，保持水资源环境的可持续性为发展建设基本前提，解决资源性或水质性缺水问题主要以采取跨流域调水等工程措施为基本手段。21世纪以来，我国长距离综合性大型调水工程建设发展迅速，相关技术标准逐步完善。据关志诚的研究，中国调水工程从建设到投入正常运用，无论在水资源配置研究与利用，还是工程建设规模、处理复杂技术的难题和实施效果，均已达到世界先进水平。

经不完全统计，投资50亿元及以上已建和在建工程近20项，见表5.1-1。

主要调水工程项目不完全统计　　　　　　　　　　　　　表 5.1-1

序号	名称	调出、调入地	总流量 (m^3/s)	输水方式	主要输水建筑物类型
1	南水北调东线一期工程	江苏至山东、天津	800	黄河以南泵站抽水、黄河以北自流	泵站、渠道、运河
2	南水北调中线一期工程	湖北至河北、河南、北京、天津	50～350	自流	明渠管涵及各类交叉建筑物
3	大伙房水库给水一期	A、B库至太子河流域	77	无重压力流	
4	大伙房水库给水二期	大伙房水库至6个城市	58.16	重力压力流和加压压力流	分层取水塔、输水洞、PCCP管、玻璃钢管、配水站、加压站
5	哈尔滨磨盘山水库输水工程	新建磨盘山水库调入哈尔滨市	11.37	重力压力流	新建磨盘山水库及取水建筑物、稳压井、PCCP管、跨河建筑物
6	昆明市掌鸠河引水供水工程	云龙水库至昆明市	8(设计)、10(加大)	分段抵押控制输水	输水隧洞、倒虹吸钢管、沟埋管、连接建筑物

续表

序号	名称	调出、调入地	总流量 (m^3/s)	输水方式	主要输水 建筑物类型
7	万家寨引黄入晋工程	万家寨至太原、朔州、大同	48	重力自流	输水隧洞、明渠、地下上泵站、渡槽、埋涵、调节水库
8	陕西引汉济渭工程	汉江调入渭河关中地区	75	抽水＋自流	水库、泵站、隧洞
9	陕西引红济石调水工程	陕西红岩河至关中石头河	13.5	自流引水	低坝枢纽，输水隧洞
10	黔中水利枢纽一期工程	六枝三岔河至贵阳、安顺	23.1	自流、泵站提水	水库、水电站、引水隧洞、输水渠、泵站
11	吉林中部城市引松供水工程	丰满水库至四平市等11个地区	38	隧洞、有压管道、泵站	隧洞、有压管道、泵站
12	引洮供水一期工程	九甸峡水利枢纽至渭源、陇西等地区	32	水库、隧洞、干渠、供水管线	水库、隧洞、干渠、供水管线
13	引岳济淀	邯郸岳城水库至白洋淀	40	明渠输水	利用并维修节制闸原有灌区、河道
14	引黄济津	黄河位山到天津	100	明渠自流	闸、倒虹吸、河道
15	引黄济淀	黄河位山到白洋淀	80	明渠自流	闸、倒虹吸、河道
16	内蒙古通辽市引乌入通输水工程	乌力吉木仁河至通辽市	3.63	明渠、玻璃钢管道	混凝土板衬砌明渠、玻璃钢管道
17	陕西黑河引水	周至县至西安	15	自流	水库枢纽、隧洞、倒虹吸、渡槽
18	云南月亮坪水电站引水方案	硕夺岗河调至金沙江	47.5	压力隧洞	输水隧洞
19	引大入港输水工程	大浪淀水库至黄骅市、大港油田等	1.06	输水管道	倒虹吸、管桥、铁路顶管
20	舟山市大陆引水工程	宁波至舟山	5	管道有压	泵站、陆上和海底管道、隧洞
21	赵山渡引水工程	飞云江引水至温州瑞安平阳	39	无压引水	隧洞、渡槽、倒虹吸、暗渠
22	大朝山水电站莲花塘等移民灌区引水	绿荫塘水库至供莲花塘、红豆箐、橄榄菁	0.22	管道供给	玻璃钢夹砂管道
23	引大济黄调水工程	青海省门源县至大通县	35	隧洞	隧洞

序号	名称	调出、调入地	总流量 （m³/s）	输水方式	主要输水 建筑物类型
24	引滦入津州河暗渠工程	引滦入津		重力流	暗渠
25	引滦入津水源保护工程	从蓟县于桥电站尾水至引滦专用明渠	50	前段无压流后段有压流	混凝土箱涵、渠首枢纽、调节池、倒虹吸
26	淮水北调临涣输水工程	蚌埠怀远至淮北濉溪	3	压力管道两级加压	泵站
27	引黄济津应急调水	黄河至天津	50~80	开敞式	河道、倒虹吸、渡槽、涵闸
28	引青济秦	从青龙河桃林口小坝至秦皇岛市区	6		水闸、隧洞、暗涵、沿线交叉建筑物
29	山东引黄济青工程	调出：近期黄河，远期长江 调入：青岛	38.5	提水泵站明渠输水	泵站、闸站、明渠、沉砂池、平原水库
30	山东胶东地区引黄调水工程	调出：近期黄河，远期长江 调入：烟台、威海	22	明渠、提水泵站输水；管道加压输水	泵站、闸站、隧洞、渡槽、明渠、暗渠、暗管

5.2　隧洞工程超前预灌浆设计现状

隧洞作为穿越山脉、河流、海峡等自然障碍的通道，具有距离短、运行安全、不受地形气候影响等优点。近年来，随着铁路、公路、水利等基础产业的高速发展，深埋长隧洞的数量快速增长。

超前预灌浆是目前最为经济、有效的处理方法，在岩溶、断层、破碎带涌水突泥治理、隧道塌方处理、软弱地层加固等方面取得了显著的成果；但是目前多采用先排后堵方案，让水自然流出洞外，待掌握隧洞掌子面涌水变化及突涌水构造特征后，再研究具体的治水方案，长时间大流量排水降压会引起大范围的地下水位下降，极大地破坏了周边的水环境，严重时可导致次生地质灾害。

引（调）水工程中常见的深埋长隧洞，补给较为充沛，采用先排后堵方案时，减排减压往往需要较长的时间，增加工期的同时投资成本也要极大的增加。传统全断面灌浆设计针对性差，富水、岩体破碎段加固范围大，特别是高水压时钻灌量成倍增加。

全断面帷幕灌浆工法由日本于 20 世纪 70 年代结合青函隧道创建（图 5.2-1）。该工法是对基坑、隧道开挖引起的松动圈进行灌浆加固，在基坑各断面进行止水帷幕灌浆形成全断面止水帷幕，以此来抵抗外水压力实现全面止水。

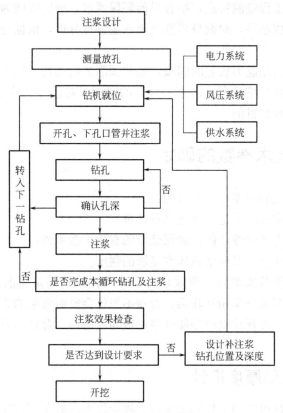

图 5.2-1　全断面超前灌浆流程

5.3　设计思路与处理原则

引（调）水工程，超前帷幕灌浆加固目的主要有两个：①对隧道前方开挖轮廓线内地层进行加固、挤密，为正洞正常开挖施工创造条件；②对隧道开挖轮廓线外围岩进行加固，形成一定厚度的加固圈，保证正洞开挖过程中施工安全。

目前工程中大多假定地层均匀、外侧压力均匀分布，灌浆堵水加固范围与水压力有关，水压力越高，水量越大，加固范围就越大，通常对开挖工作面及开挖轮廓线外一定范围采用全断面预灌浆方案。刘正茂对宜万铁路齐岳山隧道、龙厦铁路象山隧道近 30 个循环的灌浆施工和开挖情况进行了分析，认为在高压富水破碎带和富水岩溶段灌浆施工中采用动态灌浆设计，经济效益显著，宜万铁路齐岳山隧道平均循环灌浆孔减少 59%、灌浆循环作业时间节约 60%、正洞延米灌浆量减少 56%。

基于动态设计的超前预灌浆设计思路：将灌浆分为两部分，一是先进行超前预灌浆；二是开挖完成后，对周边预灌浆局部效果不满意地段，或对未进行预灌浆而出现渗漏水的地段进行防渗、加固、堵漏灌浆。

为此，形成以下处理原则：

（1）预灌浆方案的选择，与隧洞所处的地质、水文条件密切相关，应根据地质超前预报、超前钻探结果进行综合分析确定。

（2）考虑引调水工程隧洞特点，结合目前环保要求，确定以堵为主、以排为辅。

（3）根据超前钻探结果，对洞身岩性及出水量进行分析，根据分析结果采用不同的预灌浆处理方案。

（4）对于开挖后自稳能力较差的洞段，超前预灌浆需兼备"加固""防渗"效果。

（5）宜采用"结合开挖情况，动态设计"的原则，对设计及施工方案进行动态调整，以达到经济、高效处理的目的。

5.4 关键技术参数的确定

超前预灌浆过程控制主要有三个目的：

（1）保证具有一定的注入量，或达到设计量；

（2）保证灌浆压力达到设计值，确保浆液的有效扩散距离；

（3）保证浆液的质量，形成结石体有足够的强度。

根据以上目的，灌浆圈厚度、灌浆压力、灌浆孔布置等是超前预灌浆的关键技术参数。这几个参数既相互独立又相互联系，处理不当就会影响灌浆的正常进行，从而延误工期，也影响灌浆质量。过程控制就是使这些参数相互协调，合理调整，最大限度地满足上述要求。

5.4.1 灌浆圈厚度设计

灌浆是一门经验性很强的工程实践方法，理论发展落后于工程实践，加上地质条件复杂多变、处理部位隐蔽等特点，灌浆圈设计在理论分析的基础上，可采用工程类比法进行确定。

引调水工程灌浆帷幕固结体主要承受外部静水压力，灌浆圈厚度可按厚壁筒公式计算：

$$E = R[\sqrt{\sigma/(\sigma - \sqrt{3}P)} - 1]$$

式中 E——帷幕计算厚度（m）；

R——隧道掘进半径（m）；

P——最大静水压力（MPa）；

σ——岩石固结体容许抗压强度（MPa）。

某些引调水工程洞段埋深较大，具备高水压的地质、地形条件。最大静水压力较大时，计算的固结圈厚度较大，并使灌浆带厚度延伸到松弛带外侧。日本青函海底隧道采用全断面帷幕灌浆，灌浆范围为洞径的2～3倍。

综合考虑，需根据开挖地质情况，以隧洞稳定性为主要判决确定灌浆圈厚度，形成固结圈厚度设计原则如下：

（1）对于围岩完整性较好，开挖后可自稳的洞段，预灌浆加固范围主要由灌浆加固体渗透比降确定。常用水泥基类浆液围岩加固体渗透比降一般大于300，考虑3.0～4.0安全系数，设计允许比降可按75考虑（密云水库设计渗透比降为80）。高外水压力按4.0MPa考虑（无折减），围岩最大加固范围可取5.5m。

（2）对于断层破碎带、溶隙、溶孔等地层，预灌浆作用有阻水和开挖范围外围岩加固。外围岩加固范围可采用数值分析、经验类比等方法，根据岩性条件确定。

5.4.2　灌浆压力确定

灌浆压力是灌浆的主要参数，它对浆液的扩散范围、岩层裂隙充填的密实程度及灌浆效果起着决定性的作用。灌浆压力与围岩裂隙发育程度、涌水压力、浆液材料及凝胶时间有关。目前大多数工程设计时按下式计算：

$$P = (2 \sim 4) + P_0$$

式中　P——灌浆设计压力（MPa）；

　　　P_0——洞身周围静水压力（MPa）。

灌浆压力越大，上升越快，容易达到设计终压，即结束越快，但控制不好，就会造成浆液注入量不够，增加复灌次数。在通常情况下灌浆都能达到终压，而特殊地层吸浆量大，远远超过设计值时仍达不到终压。此时应采取间歇式灌浆，如果吸浆量仍然很大，加大浆液配比或者特殊外加剂，遇到裂隙特别大的岩层或者断层时，还需采用专门堵漏浆液，使灌浆压力逐渐上升，从而达到设计终压。

灌浆过程中要对灌浆压力和灌浆注入量两个指标进行双控，既要达到足够的灌浆施工压力，又要满足单孔灌浆注入量要求，尽量避免少灌、漏灌的问题发生，避免复灌。当灌浆注入量很大却又一直无法达到灌浆压力设计值时，需要及时动态调整灌浆工艺或者灌浆材料的选择，可采用待凝方式进行灌浆，也可采用更浓的浆液配比或者特种灌浆材料，直至按照设计要求，达到灌浆结束标准。

对于高静水压力的隧洞工程，洞身周围静水压力较大，设计压力可能会很大，对灌浆设备及管路将造成较大的压力，材料适应性也需进行专门分析。为此，可进行动态分步超前灌浆：

（1）针对Ⅰ序孔，采用较低的灌浆压力进行灌注，灌浆压力可取静水压力或稍大于静水压力；

（2）Ⅰ序孔灌注完成后，采用设计压力［静水压力＋（2～3）MPa］进行后续孔位的灌注。

5.4.3　灌浆材料选取

材料是灌浆技术的核心，应根据加固地层结构、水流状态综合选取。常用的预灌浆材料包括：水泥浆液、膏状浆液、水泥-水玻璃浆液、聚氨酯、环氧树脂等。

外水压力高是深埋引调水工程隧洞的特点。高外水压力作用下，需较高的灌浆压力，灌浆水泥-水玻璃等双液浆的适用性需进行分析。根据工程经验，水泥-水玻璃通常分为孔口混合、孔底混合两种灌浆方式。采用孔口混合方式时，混合液在高灌浆压力作用下通过钻孔时易发生凝固，达不到预期的浆液扩散范围；采用孔底混合方式时，高灌浆压力作用下浆液混合不均匀，难以达到预期的凝固效果。为此，主要选用水泥浆液、膏状浆液，对于可灌性较差的洞段采用聚氨酯、环氧树脂等浆液，水泥-水玻璃浆液仅作为备选浆液。

（1）水泥浆液，可采用2∶1、1∶1、0.7∶1三级水灰比，由稀向浓进行变换。

（2）膏状浆液，适用于可灌性较好、吃浆量较大的洞段，作为0.7：1水泥浆液的变换浆液。

（3）聚氨酯，适用于富水、水泥基浆液吃浆量较少，且要求固结体强度较低的洞段。

（4）环氧树脂，适用于富水、水泥基浆液吃浆量较少，但要求固结体强度较高的洞段。

（5）特殊灌浆材料，是以上灌浆材料的重要补充。

目前灌浆材料及工艺的研究方面主要集中在"灌不进"和"灌不住"两个问题上。对于"灌不进"的工况，聚氨酯和环氧树脂材料相对成熟，但价格昂贵，难以实现大规模使用，由此需要价格低廉、可灌性好、凝结体强度高的新型灌浆材料。而对于"灌不住"的工况，是材料研发的另一个重点，如速凝膏浆、沥青材料等都可作为堵漏灌浆的主要选择。

高压下，工程中常用的水泥浆液、水泥-水玻璃浆液流变特性会产生较大变化，其他工程使用效果较好但有可能在高压下难以达到预期的处理效果。高压下纯水泥浆液存在以下问题：

（1）易析水、分层、沉淀，水泥颗粒快速结团，浆液可灌性变差、扩散半径变短；

（2）较快凝结，有效灌注时间变短；

（3）较小流速就易于稀释，浆液有效利用率很低。

对于水泥-水玻璃浆液，通常分孔口混合、孔底混合两种灌浆方式：

（1）孔口混合时，混合液在高灌浆压力作用下通过钻孔时易发生凝固，达不到预期的浆液扩散范围，堵孔事故明显增加；

（2）采用孔底混合时，高灌浆压力作用下浆液混合不均匀，难以达到预期的凝固效果；

（3）固结体耐久性较差，高水压作用下较短时间内可能会发生破坏。

开挖过程中需要根据前方水体和岩体的情况考虑浆液流变特性在高水压下的变化规律。

5.4.4　浆液注入量计算

目前，大多工程均按浆液在地层中均匀扩散计算，以预估工程量，公式如下：

$$Q = \pi R^2 L n a \eta$$

式中　Q——单孔灌浆量（m^3）；

　　　R——浆液扩散半径（m）；

　　　L——灌浆孔长（m）；

　　　n——地层的孔隙率；

　　　a——浆液在岩石裂隙中的充填系数；

　　　η——浆液消耗率，通常可取1.1。

实际注入量与工程地质条件息息相关，尤其是受孔裂隙的连通情况影响较为严重；浆液凝结特性、灌浆压力、灌浆工艺等也是重要影响因素。为此，一些工程的预估浆液注入量与实际注入量差别较大。

5.4.5　孔位布置及施工

帷幕灌浆就是要使浆液扩散到灌浆帷幕范围内的所有岩层裂隙中，灌浆孔的布置要以浆液扩散不出现空白为原则。目前，绝大部分工程均以隧道中轴为中心呈伞形布置。

先注外圈，后注内圈，同一圈由下而上间隔施作。通常根据钻机性能及功效确定，每循环灌浆段长度宜为 30～50m。

采用分段前进式灌浆或全孔一次压入式灌浆。当钻孔过程中未遇见泥夹层或涌水，就一钻到底，全孔一次压入式灌浆；在钻孔过程中遇到泥夹层或涌水，立即停止钻孔，采取注一段钻一段的分段前进式灌浆，直至终孔。

5.5　静态设计存在的问题

随着社会发展，人们对环境保护的意识日益增强，解决隧洞施工与环境协调发展的问题已迫在眉睫，静态超前预灌浆中要求"泄水降压"的设计策略越来越无法适应时代的要求，主要存在以下问题：

（1）静态超前灌浆设计理念不符合高效、经济施工原则。静态超前预灌浆工程中大多假定地层均匀、外侧压力均匀分布，对开挖工作面及开挖轮廓线外一定范围采用全断面预灌浆设计方案。实际工程中地层是不均匀的，透水量、透水压力、水流度等不仅在时空上分布不均，而且这种地层的变化具有不可预测性，全断面预灌浆为了保证加固防渗效果，一般采用最安全的灌浆设计，如超前灌浆孔数、孔位布置、固结圈厚度、灌浆压力等都采取最保守的参数，将在工程量、施工时间和材料消耗方面存在明显的浪费。

（2）静态超前灌浆设计不能完全反映施工过程中的变化。静态超前预灌浆设计一般只能简单地根据地质预报和少量的超前先导孔确定是否采用超前预灌浆，且一般超前预灌浆的基本参数也仅有有限的几种方案，比如固结圈厚度设计、孔数和孔位布置一般都比较固定，除非出现重大的地质变化，不会根据地质超前预报、超前钻探成果和前期灌浆情况实时地调整施工参数，比如孔数、孔位布置、固结圈厚度等，实行动态设计，尤其对于易突水重点区域缺乏针对性设计，容易造成开挖突涌水事故，将对工程安全、工期控制、成本预期等造成十分重大的影响。

（3）静态超前预灌浆设计可能存在不可控的涌水风险。静态超前预灌浆设计在开挖过程中主要根据勘探资料和地质预报进行灌浆设计，有可能因为漏处理或者灌浆处理达不到要求，致使出现突涌水。由于静态设计并没有考虑涌水快速处治措施，因此其大面积实际封堵水压将直接面对高承压水，而引调水工程隧洞穿越地层复杂，目前处于建设中地层勘察观测得到的水压大于 2MPa 的工程就有多个：新疆某输水工程最大水压达 4.2MPa，滇中引水大理段上果园隧洞最大水压达 3.1MPa、玉溪段螺峰山最大水压达 2.5MPa。目前常用成熟工艺处理水平难以满足施工需要，因此一旦发生涌水，隧洞灌浆将采用泄水降压措施，使实际灌浆封堵水压远远小于隧洞开挖前的静水压。国内综合治理难度较大、极具代表性的锦屏二级水电站辅助洞经排水泄压后实际封堵水压约为 2MPa。这种限排高压预灌浆方案需要将高承压水的压力逐步降低排出，不仅对周边水资源和生态环境造成影响，还会造成洞内的次生地质灾害，延误工期，同时增加工程处理的投资，如锦屏二级水电站辅助洞排水泄压 2～3 年后才将水压降至 2MPa 左右。

5.6 动态设计流程

深埋长大隧洞工程优先采用先进的 TBM 施工；对于大规模断层破碎带洞段、可能产生突发性涌水的岩溶性地层洞段和可掘进性差的高石英含量石英砂岩洞段，则应采用常规的、经验成熟的钻爆法施工。隧洞施工过程中，突涌水是重要的防范对象。对于引调水隧洞而言，尤其是深理隧洞，支护结构除了承受围岩压力，还会承受很高的水压力。作用于支护结构上的围岩压力可以被地层拱作用降低，而静水压力并不受此影响，不能用任何成拱作用来降低。水压力设计值不仅与水头有关，还与地下水处理方式（全封堵方式和排导方式）有关。

目前，《铁路隧道设计规范》TB 10003—2016 和《公路隧道设计规范》JTGD 70—2004 在确定衬砌结构外水压力时，对地下水从"以排为主"的原则出发，不考虑水压力。如何确定作用在围岩灌浆圈上的水压力，是一个复杂的问题。可参照《水工隧洞设计规范》SL 279—2016 和经验，根据隧洞开挖后地下水的渗入情况，采用折减系数的方法计算灌浆围岩圈的外水压力。但是，水工隧洞仅仅要求围岩的稳定性，并不需要控制地下水的排放量，通常采用隧洞附近的天然排水或人工排水等措施来减小其外水压力；而施工期的引调水工程隧洞有时不能自然排水，显然从设计理念上，存在一定差别。

工程中对地下水的处理方式有全封堵、排导、限排结合等方式。通常情况下，当水头小于 60m 时可采用全封堵方式；当水头大于 60m 时，全封堵并不经济，宜采用排导方式，通过施作灌浆圈来达到限量排放的目的。在这两种情况下，如何计算灌浆圈水压力，目前还没有可靠明确的计算方式，多采用经验公式。

5.6.1 动态灌浆设计思路与原则

在隧洞预灌浆动态设计理念和"限量排放、限时封堵"的双限设计思路指导下，进行超前预灌浆设计和施工时，灌后围岩的防渗设计标准相对较低，在开挖过程中允许围岩出现一定程度的渗水，渗水的流量、压力等处于可控范围，并不影响掌子面的开挖进程，待开挖洞段通过后，再采用封堵措施进行灌浆处理。因此隧洞灌浆动态设计思路，可将隧洞工程灌浆施工分为以下两个部分：超前预灌浆和涌水封堵。

1）超前预灌浆

先进行超前预灌浆，达到固结围岩，使开挖能够正常进行，同时具有一定的防渗堵漏作用，不会出现不可控的涌水，为快速、高效地通过不良地质洞段打下良好的基础。超前预灌浆设计过程中形成以下处理原则：

（1）动态设计理念的预灌浆方案的选择，与隧洞所处的地质、水文条件密切相关，开展涌水量和地下水响应规律的预测分析，为动态设计提供数据支撑。

（2）根据地质超前预报、超前钻探结果进行综合分析，为动态设计提供实时可靠的监测数据，为施工的动态调整提供依据。

（3）考虑隧洞工程特点，确定"以堵为主、以排为辅"的超前预灌浆处理原则。

（4）对于开挖后自稳能力较差的洞段，超前预灌浆需兼备"加固""防渗"效果，确保隧洞开挖的顺利进行。

（5）宜采用"结合开挖情况，动态设计"的理念，对灌浆设计及施工方案进行动态调整，以达到经济、高效的处理目的。

2）涌水封堵

当隧洞开挖掘进过程中，已经发生涌水情况的快速封堵和处治，需要根据涌水量、涌水压力、涌水流速、出露的空隙开度等进行动态灌浆设计。主要处理原则如下：

（1）当涌水事故发生时，需测定涌水量，并根据涌水监测情况分析涌水产生的原因、涌水补给情况等资料，为涌水封堵的动态设计提供依据；

（2）根据监测涌水流速及水压力的情况，可动态调整灌浆材料的选择及相应施工工艺的使用，实现涌水的快速处理；

（3）认真做好涌水处理灌浆施工的灌浆统计，分析吃浆量变化，并结合涌水量、压力等数据变化，动态选择经济高效的灌浆材料，降低施工成本和缩短施工工期。

5.6.2　设计重要因素分析

引起隧洞开挖过程中突涌水问题的作用因素较多，主要包括隧洞围岩完整性、围岩强度、洞周有无储水及水压等，此外，开挖支护情况、有无排水条件也是重要的影响因素。根据地质资料分析调水工程输水隧洞沿线地层，岩性复杂时，如穿过多条断层破碎带，断层及不整合接触带地下水发育情况，要加强超前地质预报，并结合超前探孔进行分析。

从超前预灌浆角度，设计主要因素分析如下：

（1）若隧洞沿线地层岩性复杂，为保证施工安全，隧洞开挖应开展超前地质预报和探测。

（2）隧洞不具备长期、大流量排水条件时，开挖后隧洞渗流量应严格控制，预灌浆防渗标准宜从严设定。

（3）不同洞段岩体完整性、富水性差别大，地下水发育程度不同，补给复杂时，隧洞开挖引起的渗漏差别会很大，为达到经济、高效防渗处理的目的，应根据开挖揭露及超前地质分析成果，对掌子面前方岩层储水水压、水量、围岩性状等进行分析，尤其是进行涌水量及地下水响应预测分析，有针对性地分类制定预灌浆处理方案。

（4）对于部分不良地质段，若前期探测表明局部区域承压水压力大时，高水压条件下工程中常用的水泥浆液、水泥-水玻璃浆液流变特性会产生较大变化，其适用性和经济性有待论证。需开发适用于该工况的经济性灌浆材料。

（5）岩体渗透性较小，但存在接触带、岩溶、规模较大的断层等不良地质段时，需根据填充物情况有针对性地选取不同材料。无充填物的溶隙、溶孔等可能存在"灌不住"的难题；充填致密细颗粒时，如粉细砂、黏土等，则可能存在"灌不进"的难题。根据超前地质探测结果，有针对性地选择、变换浆液，选用合适、匹配的工艺是解决以上难题的重要手段。

（6）隧洞开挖工期紧，单次预灌浆段不能太短，钻孔数量不能太多。宜在分类制定预灌浆处理方案的基础上，根据灌浆工效、防渗效果，施工过程中实时对方案进行"动态优化"。

（7）洞线长、埋深大，岩层性状复杂多变，开挖后洞身稳定性差别大。灌浆可有效提高围岩完整性、改善岩体物理力学性能，但目前仍难以定量评价灌浆后岩体性能指标的提高幅度，大多数工程仅作为安全储备。为此，对于处于破碎带开挖后难以自稳的洞段，在灌浆的同时应采取专门措施（如管棚、超前小导管、及时支护等），以保证开挖施工安全。

从涌水快速处治的角度，设计主要因素分析如下：

（1）隧洞施工过程中，发生涌水，影响隧洞的正常开挖掘进，需要针对涌水的快速处置进行专门的动态设计。

（2）隧洞开挖过程中若发生涌水，应该根据涌水量、是否夹泥夹砂、水量变化情况等分析其安全性，尽快转移人员、设备到安全区域，保证人员、设备的安全。

（3）对于涌水量巨大、携带泥砂等混合物、水量持续变大，并伴随着塌方等较大的涌水，不具备快速封堵条件时，应进行涌水封堵专项研究和设计工作。本书研究对象主要是经过超前预灌浆处理后开挖洞段上出现可控涌水量的快速封堵。

（4）出现涌水时，应尽快获取基本的参数，比如涌水量、涌水压力、涌水流速和出露裂隙（空隙）的开度，结合地下水流场分析，确定涌水的特点。根据涌水特点和拥有的封堵材料以及能力水平，确定封堵的治水思路："泄压泄流，分而治之"和"收拢汇聚，集而歼之"。

（5）确定了封堵思路，就应该分门别类地进行灌浆封堵。灌浆封堵的核心是灌浆材料，应该根据涌水量、涌水压力、涌水流速和出露裂隙（空隙）的开度等特点选择合适的灌浆材料，配合合适的工艺，即可实现快速封堵的目的。

（6）在将涌水量封堵在围岩以外时，需要注意封堵处的强度能否满足承压水的要求，并结合地下水流场分析，确定其他地方是否出现新的涌水量。

（7）隧洞洞线长，地下水流场联系紧密，进行涌水封堵时应进行系统、全局、整体的考虑，切忌采用"头痛医头、脚痛医脚"的方式。

5.6.3　工作程序及方法

动态设计时期可利用的资料包括以下几个方面：

（1）围岩体性质，包括勘探期间取得的以及前面洞段开挖获取的有关围岩类别及完整性判断等方面的指标，以及岩体强度指标，断层、破碎带等资料。

（2）地层含水情况信息，包括推测或测试的水压、水量，以及水系连通特性等。

（3）隧洞渗漏水排除条件，包括隧洞坡向（顺坡、逆坡）、坡度，抽排水系统等。

（4）施工信息，包括施工设备及人员，突涌水可能造成的损失及工期延误等。

结合工程实际，考虑实用性，提出的动态设计工作程序如图 5.6-1 所示，主要步骤包括：

（1）动态设计影响因素输入；

（2）制定预灌浆设计预期效果目标；

（3）形成初步设计方案；

（4）钻孔灌浆检查，对方案效果进行检查分析；

（5）对预灌浆方案进行动态调整；

（6）效果检查。

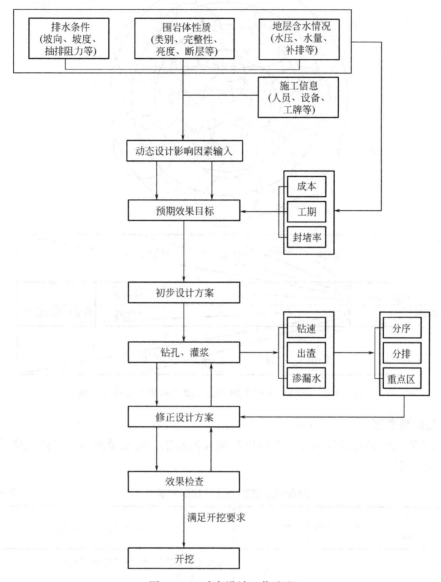

图 5.6-1　动态设计工作流程

5.6.4　灌浆处理动态设计初步方案

超前预灌浆方案的选择，与隧洞所处的地质、水文条件密切相关。应根据超前地质探测结果，对储水压力、水量及洞身岩性进行综合分析，采用不同的预灌浆处理方案。一般可以沿洞轴线 40～50m 长度为每次预灌浆加固范围，沿洞轴线的中间孔根据需要确定，以常用的引调水工程中隧洞洞径为 6～8m 为例，钻孔的排数、钻孔数量和孔位布置可以参考图 5.6-2。

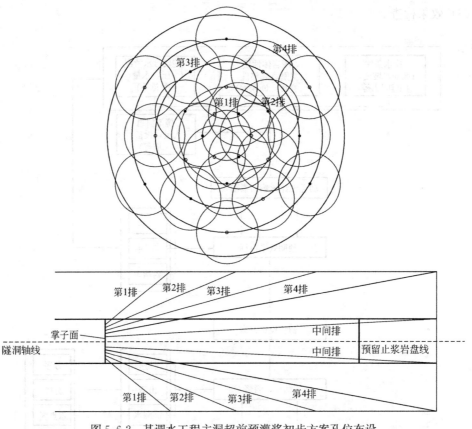

图 5.6-2　某调水工程主洞超前预灌浆初步方案孔位布设

1）超前预灌浆

超前预灌浆的动态设计初步方案可以根据探测水压、涌水量预测、岩体级别等因素参考表 5.6-1 确定。

超前预灌浆动态设计初步方案参考　　　　　　　　　　　　　表 5.6-1

编号	探测水压（MPa）	涌水量预测	岩体级别	超前预灌浆方案
1	—	—	<Ⅲ	每排 4 个灌浆孔,不设中间排灌浆孔； 纯水泥浆液
2	<1	小、中	Ⅳ	每排 4 个灌浆孔,不设中间排灌浆孔； 水泥浆液
3		大	Ⅴ	每排 4 个灌浆孔,中间排设 3 个灌浆孔； 水泥浆液；吃浆量较大时变换为水下不分散缓变型水泥基灌浆材料
4	1~2	小、中	Ⅳ	每排 6 个灌浆孔,不设中间排灌浆孔； 水泥浆液
5		大	Ⅳ、Ⅴ	每排 6 个灌浆孔,中间排设 3 个灌浆孔； 1、3 排孔：水下不分散缓变型水泥基灌浆材料； 2、4 排孔和中间排孔：水泥浆液

续表

编号	探测水压 （MPa）	涌水量预测	岩体级别	超前预灌浆方案
6	2～4	小	Ⅳ	每排 6 个灌浆孔，中间排设 3 个灌浆孔； 水泥浆液
7		中	Ⅴ	每排 8 个灌浆孔，中间排设 3 个灌浆孔； 水泥浆液
8		大	Ⅳ、Ⅴ	每排 8 个灌浆孔，中间排设 3 个灌浆孔； 1、3 排孔：吃浆量较大时，水下不分散缓变型水泥基灌浆材料； 2、4 排孔和中间排孔：水泥浆液
9	＞4	小	Ⅳ	每排 8 个灌浆孔，中间排设 4 个灌浆孔； 水泥浆液
10		中	Ⅳ、Ⅴ	每排 10 个灌浆孔，中间排设 4 个灌浆孔； 1、3 排孔：吃浆量较大时，水下不分散缓变型水泥基灌浆材料； 2、4 排孔和中间排：水泥浆液
11		大	Ⅳ、Ⅴ	每排 12 个灌浆孔，中间排设 6 个灌浆孔； 1、3 排孔：吃浆量较大时，水下不分散缓变型水泥基灌浆材料； 2、4 排孔和中间排：水泥浆液

在按照初步方案进行灌浆施工过程中，应将前期灌浆孔作为检查孔，根据钻孔出渣、钻进速度变化、出水水量、压力等信息，灌浆压力和注入率时程曲线，及时对掌子面前方短距离内围岩透水性、可灌性等数据进行分析评价，并根据结果对灌浆的施工参数，包括灌浆压力、浆液类别、注入率控制等，进行动态分析、调整，以满足工程安全。从表中看出，超前预注浆施工参数的主要因素包括：岩体类别、承压水量、涌水量等。

2）涌水封堵

隧洞施工过程中发生涌水等事故，造成洞内充水，影响隧洞开挖施工工期的情况，涌水快速处置的动态设计可参照表 5.6-2。

涌水封堵动态设计初步方案参考 表 5.6-2

序号	涌水量监测（m³/h）	动水流速（m/s）	出露空隙（cm）	涌水处理方案
1	＜100	＜0.5	＜10	快速封堵
2	100～1000	0.5～1	10～50	排水＋快速封堵
3	＞1000	＞1	＞50	排水＋模袋处理＋浅层固结＋深层封堵

5.6.5　动态设计与静态设计比较

隧洞开挖过程中进行超前预灌浆处理的目的主要有以下两个：

（1）通过超前预灌浆对隧洞前方的开挖轮廓线范围内的破碎带或软弱地层进行灌浆加

133

固、挤密，提高其完整性，并将破碎的岩体固结，提高其稳定性，防止在隧洞开挖过程中发生掉块、塌方等洞内事故，为正洞的顺利开挖掘进提供应有的保障；

（2）通过超前预灌浆对隧洞前方的开挖轮廓线以外的围岩进行灌浆加固，使围岩拱效应能充分发挥出来，提高围岩的自稳能力，同时对轮廓线外存在的承压水、储存水等水分进行灌浆防渗处理，防止开挖过程中出现涌水，保证正洞开挖施工安全，由此灌浆加固圈需要有一定的厚度。

动态设计隧洞灌浆处理在满足上述目的的同时，与常规的静态灌浆设计方法相比，具有以下优势。

（1）可节约成本、缩短工期

实际工程中地层是不均匀的，其透水性能、承压水头和水量等也不完全相同，全断面预灌浆在工程量、施工时间和材料消耗方面均存在明显的浪费。

（2）可更充分利用围岩自身强度

由于动态设计隧洞灌浆处理允许限量排放和较低的防渗标准，对超前灌浆的质量和防渗要求可以更低，有利于超前灌浆施工的效率和工效提高，保证开挖进度。围岩中储存的水分被允许排放后，围岩中的承压水头相当于被泄压，减少围岩的外水压力，有利于围岩的稳定。同时超前灌浆固结灌浆圈的厚度可以较小，这样采用较少的超前灌浆孔数就能够满足固结灌浆圈厚度的要求。研究表明，通过动态设计后，超前灌浆孔的数量可以减少30%以上。

（3）减少不可控的涌水风险

动态设计隧洞灌浆处理理念遵循"防、排、截、堵结合，因地制宜，综合治理"的原则，在开挖过程中将前期灌浆孔作为检查孔，根据钻孔出渣、钻进速度变化、出水量压力等信息和灌浆压力与注入率时程曲线，及时对掌子面前方短距离内围岩透水性、可灌性进行判定，形成重点灌注区域孔位布置优化调整的动态设计方法。在做好超前预灌浆设计和施工、保证超前预灌浆处理效果的同时，可以最大限度地使涌水风险，包括涌水点的分布、涌水压力和涌水量等主要指标，均处于可控状态，可快速制定有针对性的施工方案，保证涌水能得到快速处理，不影响开挖的进程。

动态理念的灌浆施工设计可节约成本、缩短工期，但地质资料分析、效果评价等关键技术得不到有效突破时，并不能确保灌浆效果以及开挖安全。为此，动态理念的灌浆施工设计仍处于研究阶段，在部分项目中进行了试验性应用，结合灌浆参数确定重点灌注区域、优化调整孔位布置仍是目前需要研究解决的重点。

5.7 案例分析

5.7.1 案例概况

新疆某调水工程输水隧洞沿线地层岩性复杂，穿过多条断层破碎带，断层及不整合接触带地下水发育。隧洞围岩主要为古生界奥陶系、志留系、泥盆系、石炭系、新生界第三系地层，以及华力西中早期侵入岩。

基岩裂隙水主要为裂隙潜水和裂隙承压水，最大承压水压大于 4MPa。主要含水构造为：

（1）断层破碎带。规模较大的断层为 F_7、F_{41} 断层，断层影响带宽度分别为 400m 和 80m，其他断层附近都有 20～40m 断层影响带。断层上盘为主要含水部位。断层走向与地下水流方向及隧洞轴向近于垂直或大角度相交，上盘地下水位明显高于下盘地下水位，上盘常有泉水分布。

（2）地层接触带。接触带附近地层裂隙含水构造发育，接触带附近形成了地下水富集区。

（3）灰岩富水带。岩溶不甚发育，局部存在小规模溶隙、溶孔等岩溶现象。

（4）向斜及单斜富水构造（带）。向斜核部构造较为破碎，形成了含水构造，宽度约为 200～500m。单斜构造也可形成潜水和承压水富水环境。

夏季多雨，冬季多雪，河流山泉众多，水源充足。

5.7.2　常规设计方案

设计院提出的设计方案以水泥浆液、水泥-水玻璃浆液为主，具体如下：

（1）主洞砂岩洞段超前预灌浆设计帷幕厚 7.0m，浆液扩散半径按 4.0m 设计，每循环灌浆段按照 42.5m 施工，开挖段 33.5m，预留 9m 止浆岩塞，其中第一循环超前预灌浆需布置辅助孔，以形成起始段止浆岩塞，当掌子面难以实施灌浆形成止浆岩塞时，可在掌子面增设混凝土止浆墙；其他循环利用前一循环灌浆段预留止浆岩塞，不布置辅助孔（图 5.7-1）。

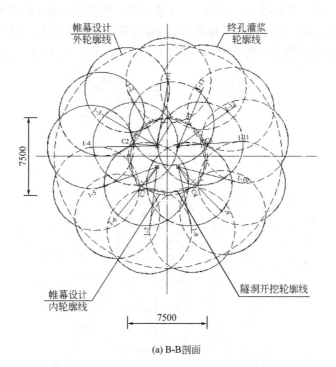

(a) B-B剖面

图 5.7-1　主洞砂岩洞段超前预灌浆钻孔布置（一）

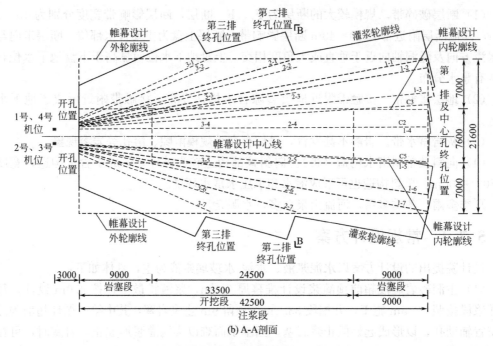

(b) A-A剖面

图 5.7-1　主洞砂岩洞段超前预灌浆钻孔布置（二）

（2）主洞泥岩洞段超前预灌浆设计帷幕厚 8.0m，浆液扩散半径按 2.7m 设计，每循环钻灌长度按照 29m 施工，开挖 20m，预留 9m 止浆岩塞，其中第一循环超前预灌浆需布置辅助孔，以形成起始段止浆岩塞，当掌子面难以实施灌浆形成止浆岩塞时，可在掌子面增设混凝土止浆墙；其他循环利用前一循环灌浆段预留止浆岩塞，不布置辅助孔（图 5.7-2）。

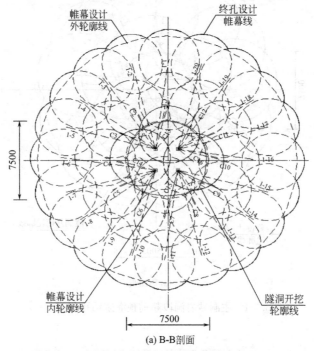

(a) B-B剖面

图 5.7-2　主洞泥岩洞段超前预灌浆钻孔布置（一）

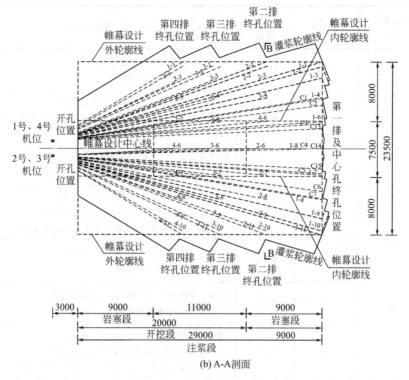

(b) A-A剖面

图 5.7-2　主洞泥岩洞段超前预灌浆钻孔布置（二）

超前预灌浆的主要参数：

（1）钻孔孔深严格按照设计要求执行。

（2）钻孔孔径不小于 76mm。

（3）当遇地下水后，应停止继续钻孔，将地下水封堵后再继续钻进。

（4）采用模袋止浆装置快速进行孔口封堵。

（5）采用自上而下分段灌浆法。

（6）第一循环灌浆完成后应待凝不少于 4d 后方可开挖。后续循环由于预留有止浆墙，不需要待凝。

（7）灌浆浆液：水泥浆液采用 3∶1、2∶1、1∶1、0.7∶1、05∶1 五个比级；水泥浆液与水玻璃溶液的体积比（即 C∶S）应按 1∶0.3～1∶0.5 的范围控制，灌注双液浆时水泥浆的水灰比可采用 1∶1 和 0.7∶1（重量比）两个比级。

（8）当表层漏浆时，可采用水泥-水玻璃浆液快速止漏。

5.7.3　动态设计方案

设计原则：以堵为主、以排为辅。

1）方案选择

初步确定沿洞轴线 40～50m 长度为每次预灌浆加固范围，设置 4 排钻孔，沿洞轴线的中间孔根据需要确定，钻孔数量及采用浆液具体见表 5.7-1。

超前预灌浆方案的选择   表 5.7-1

方案编号	探测水压（MPa）	出水量	岩体级别	预灌浆方案
1	<1	小、中	IV、V	每排 4 个灌浆孔，不设中间排灌浆孔；少析水不沉淀水泥基浆液
2		大	IV、V	每排 4 个灌浆孔，中间排设 3 个灌浆孔；少析水不沉淀水泥基浆液；吃浆量较大时变换为高压下流变性能缓变水泥基浆液
3	1~2	小、中	IV、V	每排 6 个灌浆孔，不设中间排灌浆孔；少析水不沉淀水泥基浆液
4		大	IV、V	每排 6 个灌浆孔，中间排设 3 个灌浆孔；1、3 排孔：高压下流变性能缓变水泥基浆液；2、4 排孔和中间排：少析水不沉淀水泥基浆液
5	2~4	小	IV、V	每排 6 个灌浆孔，中间排设 3 个灌浆孔；少析水不沉淀水泥基浆液
6		中	IV、V	每排 8 个灌浆孔，中间排设 3 个灌浆孔；少析水不沉淀水泥基浆液
7		大	IV、V	每排 8 个灌浆孔，中间排设 3 个灌浆孔；1、3 排孔：高压下流变性能缓变水泥基浆液；2、4 排孔和中间排：少析水不沉淀水泥基浆液
8	>4	小	IV、V	每排 8 个灌浆孔，中间排设 4 个灌浆孔；少析水不沉淀水泥基浆液
9		中	IV、V	每排 10 个灌浆孔，中间排设 4 个灌浆孔；1、3 排孔：高压下流变性能缓变水泥基浆液；2、4 排孔和中间排：少析水不沉淀水泥基浆液
10		大	IV、V	每排 12 个灌浆孔，中间排设 6 个灌浆孔；1、3 排孔：高压下流变性能缓变水泥基浆液；2、4 排孔和中间排：少析水不沉淀水泥基浆液

少析水不沉淀水泥基浆液、高压下流变性能缓变水泥基浆液变换时，无需更换搅拌设备、灌注设备，也无需特殊工艺。

2）浆液选择

浆液是灌浆技术的核心，需根据加固地层结构、水量水流状态综合选取，本工程高水压也是重要的影响因素。

本方案主要选用少析水不沉淀水泥基浆液、高压下流变性能缓变水泥基浆液；岩层灌注性很差时（灌不进）采用聚氨酯、环氧树脂等化学浆液；溶隙、溶孔或存在流水等条件时（灌不住），采用速凝型高压流变性能缓变水泥基浆液，特殊情况采用低热沥青浆液。

（1）少析水不沉淀水泥基浆液。在水泥浆液中加入一定量的外加剂形成，采用 2∶1、1∶1、0.7∶1 三级水灰比，由稀向浓进行变换。

（2）高压下流变性能缓变水泥基浆液。在水泥浆液中加入外加剂形成，采用 1∶1、0.7∶1、0.5∶1 三级水固比，由稀向浓进行变换。

（3）化学浆液。根据待处理对象的不同，可供选择的材料有水溶性聚氨酯浆液、环氧树脂浆液。

（4）低热沥青浆液。主要用于较高流速的涌水处理。目前该技术已成熟，并应用于多个工程案例。

3）孔位布设

相邻排间孔位错位布设。根据加固方案，先钻灌 1 排、3 排，再施工 2 排、4 排，最后施工中间排；每排孔分序间隔施工。

开挖止浆岩盘预留 8～10m。

1 排、2 排、3 排、4 排孔灌注段为：孔底至隧洞周边线。

中心孔灌注段为：孔底到止浆岩盘预留位置。

每排孔灌注材料根据前述方案进行选取。孔位布设见图 5.7-3。

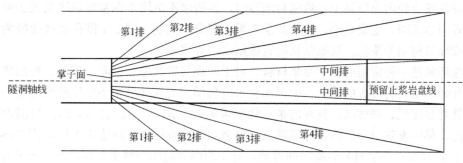

图 5.7-3　孔位布设

4）钻灌施工关键工艺

钻孔优先采用后退式方案，并分排、分序施工。

岩层破碎或遇岩溶、流水条件时，考虑跟管钻进、分段灌注工艺或前进式钻灌方案。

灌注时采用流量-压力双限控制方法。

按 40～50m 洞线长预灌浆范围估算，钻灌需 7～14d 有效作业时间，待凝 1～2d 后打检查孔。

灌浆完毕后，在掌子面布设 1～2 个长度小于灌浆作业段 1m 的探孔，检查钻孔出水量应小于设计要求。否则，应有针对性地进行补灌。

5）特殊情况处理

主要考虑"灌不住"和"灌不进"两个问题。

（1）"灌不住"问题

灌不住问题主要解决如何形成有效的封闭体系，为帷幕线内灌浆提供条件。

灌浆机理分析：①充填置换。通过钻孔向待灌体中灌注浆液，浆液在灌浆压力的作用下向孔的四周呈径向扩散，压力作用下优先向待灌体薄弱处扩散，并进而填补、置换这些土体空隙。②浆液在扩散过程中受到较大的压力作用，浆液将灌浆压力传递到破碎岩体裂隙，可以提高破碎岩体的密实度和减少其中的孔隙，从而减小破碎岩体本身的透水性。

灌浆方法最突出的特点是：由于浆液总是向破碎岩体中最薄弱的地方扩散，因此灌浆可以适应岩体的不均匀性，可以均匀化岩体，从而有效地控制岩土体的渗水量并提高其强度，进而形成有效的封闭体系，为帷幕线内固结处理提供条件。

"灌不住"问题一般发生于断层破碎带、岩溶区，需采用高压下流变性能缓变水泥基浆液（速凝型）封堵较大破碎通道及填充部分溶腔，主要作用为：①阻断后续少析水不沉淀水泥基浆液灌注时向远处的扩散通道，节约浆液用量，降低处理造价，缩短工期；②充填溶腔附近处理范围内的较大空隙或不密实区，提高处理区域内的弹性模量和抵抗变形的能力；③充填其他区域的大空隙，提高围岩的密实度和强度。

综合考虑，出现灌不住问题时，可采用以下原则：①1排、3排孔高压下流变性能缓变水泥基浆液，吃浆量较大时分段变换为抗稀释速凝水泥基浆液；②2排、4排孔孔底约2m长灌段，灌注高压下流变性能缓变水泥基浆液，其余灌段采用少析水不沉淀水泥基浆液；③最后中间排灌注少析水不沉淀水泥基浆液；④吃浆量较大时，1排、3排灌注时可采用待凝工艺。

（2）"灌不进"问题

断裂带或溶腔内充填黏土、致密粉细砂时，少析水不沉淀水泥基浆液灌浆无法形成预期的有效固结范围，吃浆量小，造成灌浆效果不显著。可将2排、4排孔浆液变换为聚氨酯浆液或环氧树脂类浆液。聚氨酯浆液宜选用水溶性浆液。

改性环氧是一种常用的化学灌浆材料，对于处理基岩裂隙、混凝土裂缝、粉细砂层的防渗和补强固结具有显著的效果。中国水利水电科学研究院生产的SK-E系列改性环氧树脂浆材具有黏度低、强度高、良好的亲水性和可灌性（图5.7-4、表5.7-2）。与国内同类材料相比，早期发热量小。改性环氧灌浆材料强度高，抗压强度高达90MPa，固砂体强度也可高于10MPa；环氧材料胶凝时间可调，对于粉细砂的固结效果明显，并且施工方便。

图5.7-4　改性环氧树脂灌浆

SK-E改性环氧材料参数　　　　　　　　　　　　表5.7-2

项目		指标
外观		黄色～棕褐色液体
浆液比重		1.04～1.07
初始黏度（mPa·s）		4～30
表面张力（dyn/cm）		25～30
润湿角（°）		12～18
胶凝时间		几小时至几十小时可调
抗压强度（MPa）	28d	30～70
	90d	40～90
抗拉强度（MPa）	28d	7～15

续表

项目		指标
粘结强度（MPa）	干燥面	＞5.0
	潮湿面	＞4.0
抗渗指标		＞S9
冻融次数		300
高温性能		强度无明显变化

第6章 快速封堵灌浆浆液研发

6.1 灌浆材料现状

灌浆材料是指在一定压力作用下，注入地层的裂隙、孔隙或孔洞中，凝结硬化后起到增强加固、防漏防渗等效果的流体材料。一般分为固体灌浆材料和化学灌浆材料两大类。固体灌浆材料是由固体颗粒和水组成的灌浆体，常用的有水泥基浆、黏土浆、水泥黏土浆、水泥固废物浆等。化学灌浆常用的有水玻璃浆、环氧树脂浆等。

灌浆迄今已有200多年的历史，灌浆材料发展可以分四个阶段：

（1）黏土浆液阶段

1802年法国人查理斯·贝尔格尼修理冲刷闸的时候，向地层挤压黏土浆液，用于建筑物地基加固，之后传入英国、埃及等地。

（2）水泥浆液灌浆阶段

1845年美国沃森第1次在溢洪道陡槽基础下灌注水泥砂浆；1856—1858年，英国基尼普尔水泥灌浆试验成功；1864年，巴洛利用水泥浆液进行隧道衬砌后充填灌浆，并应用于伦敦、巴黎的地铁。

（3）化学浆液灌浆阶段

1920年荷兰采矿工程师尤斯登首次采用水玻璃、氧化钙双液双系统二次压注法灌浆，直至20世纪40年代，仍在使用。1969年，美国研制了丙烯酰胺浆液等10余种性质各异的化学浆液。

（4）现代灌浆阶段

灌浆材料出现了超细水泥，取代了部分化学浆液。近年来环境友好型、低毒型化学材料逐渐出现，减少了环境污染，降低了部分工程造价，并逐步应用于城市地下工程、地基、矿山、隧道、水利等工程领域。

6.2 现有灌浆材料在超前预灌浆中存在的问题

引调水工程超前预灌浆时，灌浆材料需要满足以下几个性能：

（1）浆液有良好的流动性，黏度较低，能注入岩层细小裂隙或者粉细砂层；

（2）浆液稳定性好，具有一定的耐久性和抗冲击性；

（3）浆液的初凝时间可控；

（4）结石体要有一定的抗压、抗拉强度，透水性较低；

（5）结石体早期具有较高的抗压、抗拉强度和较好的抗老化性能；

（6）灌浆材料的来源要广泛，廉价易得，配制操作简单；

（7）不会对环境造成污染，无毒，对操作人员生命健康造成威胁。

从单一的利用水泥、黏土、膨润土等单液，到采用水玻璃-水泥、水玻璃-有机高分子材料、碱激发地聚合物等双液，材料的性能在不断改善，灌浆材料都有各自的优点。总体来看，现有灌浆材料在超前预灌浆应用中存在以下需要解决的问题：

（1）虽然目前水泥基灌浆材料在超前预灌浆工程中使用较为广泛，但其灌浆范围有限，一般只能灌注到直径大于 0.2mm 的孔隙、裂缝中。虽然干磨超细水泥、湿磨超细水泥已有较多的工程应用经验，但对材料品质及现场保管要求较高，并需匹配适宜的搅拌灌注工艺，直径小于 0.1mm 的孔隙、裂缝也难以灌注。经济型灌浆材料的可灌性有待改进或提高。

（2）化学灌浆的优点是易灌注到细小缝隙中，且凝结时间可调，但其配方复杂，含较多的有毒化学物质，不仅污染环境，而且价格较贵。需继续研发多种低廉、无毒、性能优良的化学灌浆材料。

（3）目前常用的超前预灌浆浆液主要有纯水泥浆液、水泥-水玻璃浆液。

浆液是灌浆技术的核心，需根据加固地层结构、水量水流状态综合选取。为此，本章研究基于前期研发的普通膏浆、普通沥青浆液、稳定性浆液等研发基础，开发适宜于超前预灌浆的经济型浆液。

6.3　少析水不沉淀水泥基灌浆材料研发

少析水不沉淀水泥基灌浆材料浆液能自成整体，高压、低速水流不会进入浆液的内部，只能从浆液的边缘淘刷；随着时间推移，剪切屈服强度不断增大；具有一定的抗冲能力。浆液扩散时会形成明显的扩散前沿，待灌体裂隙、空洞会被完全填满，凝固后形成坚硬而密实的水泥结石体。

6.3.1　浆液配比

少析水不沉淀水泥基灌浆材料浆液研发开展了大量的材料配比试验（图 6.3-1），典型浆液配比如表 6.3-1 所示。

典型浆液配比　　　　　　　　　　　　　　　　表 6.3-1

编号	液固比	水泥	水	外加剂	稀释剂	促进剂
BC-1	0.388	13	0	1	4	0.05
BC-2	0.337	15	0	1	4	0.05
BC-3	0.347	16	0	1	4.5	0.05

6.3.2　浆液性能试验

1. 主要试验方法

对浆液抗冲性能影响较大的参数开展试验研究，如不同配比速凝膏浆的浆液凝结时间、可灌时间、流变参数、塑性强度及结石体强度等。

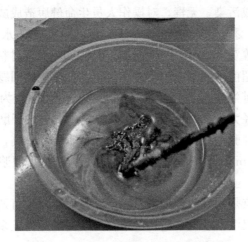

图 6.3-1 少析水不沉淀水泥基灌浆材料

（1）凝结时间与可灌时间

凝结时间试验参照《水泥标准稠度用水量、凝结时间、安定性检验方法》GB/T 1346—2011 进行测定。

（2）流变参数

根据前述流变参数的试验研究分析，仍选用 RheolabQC 旋转流变仪进行该材料流变参数的测定。

（3）塑性强度及结石体强度

测试方法同速凝膏浆的测试方法。

浆液固结体的抗压强度试验参照《水泥胶砂强度检验方法（ISO 法）》GB/T 17671—1999 方法进行，使用 40mm×40mm×160mm 试模成型。

2. 浆液试验结果

典型配比浆液及结石性能如表 6.3-2 所示。

<table>
<tr><td colspan="8" align="center">典型配比浆液及结石性能　　　　　　　　　　　　　表 6.3-2</td></tr>
<tr><td>编号</td><td>初凝时间(h)</td><td>析水率（%）</td><td>漏斗黏度(s)</td><td>塑性屈服强度(Pa)</td><td>塑性黏度（Pa·s）</td><td>抗折强度（MPa）</td><td>抗压强度（MPa）</td></tr>
<tr><td>BC-1</td><td>0.4～0.6</td><td>0.00</td><td>26.2～滴流</td><td>5.6～49.5</td><td>0.15～0.38</td><td>0.5～0.6</td><td>6.7～9.7</td></tr>
<tr><td>BC-2</td><td>0.5～0.7</td><td>0.00</td><td>19.2～滴流</td><td>0.2～174.0</td><td>0.01～1.24</td><td>0.3～0.4</td><td>4.0～4.3</td></tr>
<tr><td>BC-3</td><td>0.8～1.0</td><td>0.00</td><td>滴流</td><td>＞88</td><td>＞0.34</td><td>0.1～0.3</td><td>3.1～3.6</td></tr>
</table>

由配比可以看出，浆液的硬化过程主要是水泥和外加剂的作用硬化。浆液的凝结时间较长，典型配比的初凝时间在 0.5h 左右，对于超前预灌浆操作时间较为有利。

6.3.3　抗水流冲刷试验

不同地层灌浆，特别是动水堵漏灌浆，受地质条件、裂（孔）隙大小、地下水流速、浆液性能及灌浆施工工艺等因素影响较大。动水条件下灌浆浆液的扩散过程和堵漏灌浆效果的分析研究，往往需要采用室内模拟试验来观察浆液在地层中的运动扩散规律及堵漏灌浆效果。

通过堵漏灌浆模拟试验可以检查灌浆材料的性能，同时可以更好地指导现场施工，减少施工的盲目性。为检验浆液在不同地层结构、边界条件、流速条件下的防渗堵漏适应性，制作试验模型，设计并完成了多组抗冲试验。

1. 试验模型制作

动水堵漏灌浆模型设计原则是在满足相似要求的前提下，尽可能真实反映现场渗漏情况。室内试验要满足全部相似关系是比较困难的，只能满足几个主要的判据。目前还没有针对不同地层动水灌浆堵漏的模型装置，需要自行设计、加工模型装置。

在实验室加工制作了抗冲试验模型，采用木结构，用不同材料模拟不同的边界条件；水流管路可多管路组合，通过开、停不同数量的抽水泵来调节模拟不同的流速、流量条件。

2. 抗冲试验

1）模拟相关要求

（1）不同流速：$v_1 = 1.9\text{m/s}$；$v_2 = 1.2\text{m/s}$；$v_3 = 0.7\text{m/s}$；$v_4 = 0.4\text{m/s}$；$v_5 = 0.2\text{m/s}$。

（2）不同下垫面：光滑；木质；碎石。

（3）记录不同试验条件的结果：①浆液扩散长度；②灌入浆液量；③浆液残留在石头中的量（可以直接称重）；④浆液流失的量（流失量可能为 0）。

（4）试验结束标准：石头前面的水流壅起至与石头同高即可。

2）试验过程

利用抗冲试验平台，对少析水不沉淀水泥基灌浆材料在不同流速条件下的灌浆情况进行测试分析，试验过程如图 6.3-2 所示。

图 6.3-2　抗冲试验过程

根据以上抗冲试验计划及现场测试情况，得到以下试验结果，如表 6.3-3 所示。

抗冲试验结果　　　　　　　　　　　　　表 6.3-3

流速(m/s)	1.9	1.2	0.7	0.4	0.2
下垫面	光滑下垫面				
留存率(%)	85	88	92	98	100
下垫面	木质下垫面				
留存率(%)	87	90	92	100	100
下垫面	碎石下垫面				
留存率(%)	88	90	93	100	100

可知，灌浆材料在抗冲试验过程中浆液留存率较好，所做的多组试验中材料流失均较小，且封堵效果好。

3）与其他浆液对比分析

开展了水泥-水玻璃、速凝膏浆抗冲堵漏试验，与少析水不沉淀水泥基灌浆材料浆液进行堵漏抗冲对比分析。

水泥-水玻璃是灌浆堵漏中最常用的一种材料，来源广，价格较其他化学灌浆材料便宜，凝结时间可以从几秒到几十分钟任意调节。水泥水玻璃及结石体性能如表 6.3-4、表 6.3-5 所示。

水泥-水玻璃浆液性能　　　　　　　　　表 6.3-4

编号	水玻璃浓度(°Bé′)	水玻璃与水泥浆体积比	水泥浆水灰比	密度(g/cm³)	初凝时间(h:min)	终凝时间(h:min)
1	30	0.5	0.6	1.57	0:05	2:13
2	30	0.8	0.6	1.05	0:02	0:30
3	35	0.5	0.6	1.54	0:03	0:20
4	40	0.5	1.0	1.45	0:04	1:28
5	40	0.6	1.0	1.43	0:08	2:16

水泥-水玻璃浆液结石体性能　　　　　　表 6.3-5

编号	密度(g/cm³)	渗透系数(cm/s)	抗压强度(MPa)			
			1d	2d	3d	4d
1	1.62	1.24×10^{-8}	4.48	19.55	21.53	22.40
2	1.51	—	0.64	7.20	16.93	19.00
3	1.62	—	5.28	6.32	14.60	15.07
4	1.50	1.36×10^{-9}	0.67	0.88	16.49	17.58
5	1.48	8.42×10^{-9}	0.77	0.85	6.99	17.27

膏状浆液是指抗剪屈服强度和塑性黏度均较大的混合浆液，类似牙膏，流动性小，适用于岩体宽大裂隙、岩溶空洞和堆石体等的灌浆。普通水泥膏浆通常是指在水泥浆中掺入大量的黏土、膨润土、粉煤灰、磨细矿渣等掺合料及少量外加剂而构成的低水灰比的膏状浆液，其基本特征是膏浆的剪切屈服强度值大于其自身重力的影响，具有自堆积性能和抗

水流稀释性能。水泥膏浆技术自20世纪80年代由中国水利水电科学研究院首次提出，已先后在堆石坝体帷幕灌浆、坝基溶洞处理、水库坝基覆盖层防渗、围堰闭气防渗等工程中广泛应用，典型普通水泥膏浆配比如表6.3-6所示。

典型水泥膏浆配比   表6.3-6

编号	水固比	水泥	粉煤灰	黏土	水玻璃	氯化钙	分散剂
1	0.67	100	100	10	2	2	0.5
2	0.75	100	300	50	2	—	—
3	0.85	100	—	200	2	—	—

针对水泥-水玻璃浆液、普通膏状浆液进行了多组抗冲模拟试验，结果如表6.3-7、表6.3-8、图6.3-3～图6.3-8所示。采用水泥-水玻璃浆液、普通膏状浆液进行抗冲封堵时，浆液留存率均较低，短时间内难以封堵；流速大于1.0m/s时，浆液留存率均在20%以内；流速0.2m/s时，浆液留存率可达40%左右。

水泥-水玻璃浆液抗冲试验结果   表6.3-7

		流速(m/s)	1.9	1.2	0.7	0.4	0.2
光滑下垫面	1号浆液	灌入量(kg)	430	350	240	150	90
		留存率(%)	7	9	13	21	37
	2号浆液	灌入量(kg)	250	200	170	120	80
		留存率(%)	12	15	18	28	46
	3号浆液	灌入量(kg)	280	220	200	120	80
		留存率(%)	11	14	16	26	44
	4号浆液	灌入量(kg)	250	180	150	110	90
		留存率(%)	12	17	20	29	36
	5号浆液	灌入量(kg)	500	300	220	150	100
		留存率(%)	6	10	14	20	33
0～2mm碎石下垫面	1号浆液	灌入量(kg)	300	240	160	110	70
		留存率(%)	10	13	19	28	47
	2号浆液	灌入量(kg)	220	200	130	100	60
		留存率(%)	14	16	23	32	52
	3号浆液	灌入量(kg)	240	170	120	90	60
		留存率(%)	13	18	27	34	50
	4号浆液	灌入量(kg)	200	160	110	90	70
		留存率(%)	15	19	29	36	43
	5号浆液	灌入量(kg)	350	300	220	130	80
		留存率(%)	9	11	14	23	39
2～5mm碎石下垫面	1号浆液	灌入量(kg)	350	250	200	120	70
		留存率(%)	9	12	17	25	46

续表

		流速(m/s)	1.9	1.2	0.7	0.4	0.2
2～5mm碎石下垫面	2号浆液	灌入量(kg)	260	200	150	100	70
		留存率(%)	13	16	21	31	53
	3号浆液	灌入量(kg)	250	180	120	100	70
		留存率(%)	13	17	27	32	49
	4号浆液	灌入量(kg)	200	170	120	90	80
		留存率(%)	15	18	26	34	41
	5号浆液	灌入量(kg)	430	300	250	150	90
		留存率(%)	7	10	12	21	37

普通膏状浆液抗冲试验结果 表 6.3-8

		流速(m/s)	1.9	1.2	0.7	0.4	0.2
光滑下垫面	1号浆液	灌入量(kg)	500	380	280	200	150
		留存率(%)	6	8	11	15	20
	2号浆液	灌入量(kg)	500	380	280	200	150
		留存率(%)	8	9	15	19	23
	3号浆液	灌入量(kg)	500	380	280	200	150
		留存率(%)	9	11	19	22	25
木质下垫面	1号浆液	灌入量(kg)	500	380	280	200	150
		留存率(%)	8	9	14	17	23
	2号浆液	灌入量(kg)	500	380	280	200	150
		留存率(%)	10	11	16	23	25
	3号浆液	灌入量(kg)	500	380	280	200	150
		留存率(%)	11	15	18	25	28
碎石下垫面	1号浆液	灌入量(kg)	500	380	280	200	150
		留存率(%)	13	15	19	23	30
	2号浆液	灌入量(kg)	500	380	280	200	150
		留存率(%)	15	19	22	28	32
	3号浆液	灌入量(kg)	500	380	280	200	150
		留存率(%)	16	20	24	30	35

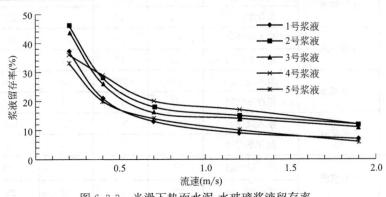

图 6.3-3　光滑下垫面水泥-水玻璃浆液留存率

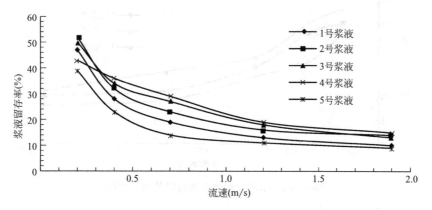

图 6.3-4 木质下垫面水泥-水玻璃浆液留存率

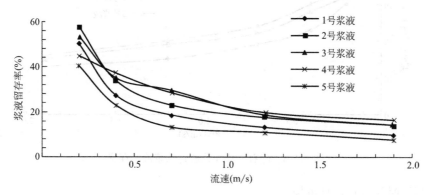

图 6.3-5 碎石下垫面水泥-水玻璃浆液留存率

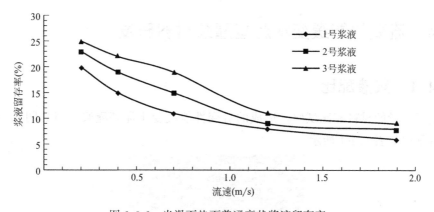

图 6.3-6 光滑下垫面普通膏状浆液留存率

6.3.4 浆液主要特点

与前期研发的膏浆相比，少析水不沉淀水泥基灌浆材料具有以下特点：

(1) 可灌性得到了很大改善；

(2) 灌注过程中，流水难以进入浆液内部，抗冲不分散；

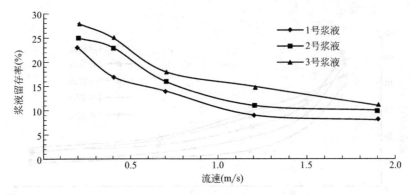

图 6.3-7　木质下垫面普通膏状浆液留存率

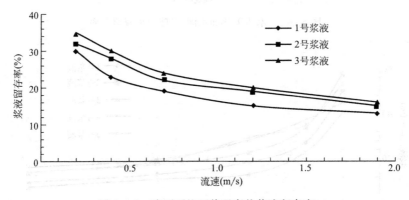

图 6.3-8　碎石下垫面普通膏状浆液留存率

（3）凝结时间较长，且可控；

（4）固结体强度稍低。

6.4　流变性能缓变水泥基灌浆材料研发

6.4.1　浆液配比

开展了大量的材料配比试验，形成的流变性能缓变水泥基灌浆材料如图 6.4-1 所示，典型浆液配比如表 6.4-1 所示。

图 6.4-1　流变性能缓变水泥基灌浆材料

典型浆液配比　　　　　　　　　　　　　表 6.4-1

编号	液固比	水泥	水	外加剂	纤维	增黏剂
HB-1	0.8	1	0.8	0.03	0.03	0.01
HB-2	0.8	1	0.8	0.04	0.04	0.01
HB-3	0.8	1	0.8	0.05	0.05	0.01

6.4.2　浆液性能试验

（1）主要试验方法

同上节所述。

（2）浆液试验结果

浆液及结石性能如表 6.4-2 所示。

浆液性能及结石性能　　　　　　　　　　　表 6.4-2

编号	初凝时间 （h）	析水率 （%）	塑性屈服 强度(Pa)	塑性黏度 （Pa·s）	抗折强度 （MPa）	抗压强度 （MPa）
HB-1	0.6～0.8	0.00	7～15	0.2～0.3	0.6～0.7	7～9
HB-2	0.5～0.7	0.00	10～25	0.8～1.5	0.6～0.7	7～9
HB-3	0.4～0.5	0.00	30～55	1.8～2.5	0.6～0.7	7～9

6.4.3　流变特性

流变特性是表征浆液受剪切时剪应力与剪切速率的关系，水泥浆液流变特性与浆液组成、水化时间、温度等因素相关，对水泥浆液在待灌体中的迁移扩散有着重要的影响，是分析浆液扩散距离的重要因素。

与水玻璃、环氧浆液等相比，水泥浆液具有较高的流动阻抗，较难进入细微缝隙。目前大多数工程都将水泥浆液流变参数视作常量，未考虑水化时间对浆液流变参数的影响规律，由此计算出的理论扩散距离远远大于实际灌浆中的测量值。

1）流变参数试验方法

水泥浆液通常为固体颗粒悬浮液，除一些非常稀的浆液外，都属于宾汉浆体，其本构方程可表示为：

$$\tau = \tau_0 + \eta \frac{\mathrm{d}\omega}{\mathrm{d}r}$$

式中　τ——剪切应力；

　　　τ_0——剪切屈服强度；

　　　η——塑性黏度；

　　　r——流体在环隙处的半径；

　　　ω——半径 r 处的角速度。

测定水泥浆液流变参数的仪器和方法较多，常用的有同轴圆筒旋转黏度计和压力管黏度计两种类型。

（1）同轴旋转黏度计

同轴旋转黏度计主要依据内外筒对浆液作用的力偶产生的力学效应来确定黏度。转筒（内筒或外筒）以一定角速度旋转，环形缝隙内的液体受剪切分层流动，流体的黏滞性作用于转筒表面，对转筒施加一个阻止转动的力矩，流体黏性同这一转动力矩成正比。通过测定转筒的扭力矩与旋转角速度来推算流体的剪切应力和剪切速率，然后由不同量值下对应的剪切应力和剪切速率确定流变参数。

ZNN-D6 型旋转黏度计就是一种典型的同轴旋转黏度计，具体计算公式：

$$\tau_0 = 0.511 \times (2 \cdot \phi 300 - \phi 600)$$
$$\eta = \phi 600 - \phi 300$$

其中，$\phi 600$、$\phi 300$ 分别为旋转黏度计在 600rpm 和 300rpm 下的读数；计算得到的 τ_0、η 单位分别为 Pa、mPa·s。

（2）压力管黏度计

压力管黏度计主要原理是利用在压力作用下，一定流量的流体流经固定的细管管道所产生的压降进行量测。

对于宾汉体，流变参数可用布金海姆方程描述：

$$\frac{8u}{D} = \frac{\tau_{\mathrm{w}}}{\eta} \left[1 - \frac{4}{3} \left(\frac{\tau}{\tau_{\mathrm{w}}} \right) + \frac{1}{3} \left(\frac{\tau}{\tau_{\mathrm{w}}} \right)^4 \right]$$

略去微小项 $\frac{1}{3} \left(\frac{\tau}{\tau_{\mathrm{w}}} \right)^4$，可得 $\tau_{\mathrm{w}} = \frac{4}{3} \tau + \eta \frac{8u}{D}$。其中，$\tau_{\mathrm{w}} = \frac{\Delta PD}{4L}$。

因此，可得：$\frac{\Delta PD}{4L} = \frac{4}{3} \tau + \eta \frac{8u}{D}$

式中　ΔP——细管两端压力差；

　　　　u——浆液在细管中的流速；

　　　　D——细管内径；

　　　　L——确定 ΔP 两平面间细管的长度。

故可用不同直径或不同长度的细管进行测量，然后点绘 $\frac{\Delta PD}{4L} \sim \frac{8u}{D}$ 曲线，即可计算浆液流变参数 τ 和 η。

许多研究表明，同轴旋转黏度计适用于小水灰比水泥浆液流变参数的测定，但在测定大水灰比浆液时，由于转筒与浆液间易出现滑移现象，从而造成较大的误差；压力管黏度计适用于大水灰比水泥浆液流变参数的测定。因此，本试验采用 ZNN-D6 型旋转黏度计测定水灰比小于或等于 1：1 浆液的流变参数，采用细管黏度计测定水灰比大于 1：1 浆液的流变参数。

搅拌完成后，将浆液分为若干份，置于 20℃恒温条件下，每次试验选取其中的一份，测量前将浆液重新搅拌均匀，分小 3 份测量 3 次，保证标准差小于 5%，采用平均值作为试验结果。考虑搅拌、测量对浆液的影响，废弃搅拌测量后的浆液，下次测量时重新选取其中的一份。

2）常规水泥浆液流变参数

对 A、B 水泥水灰比为 0.5：1、0.8：1、1：1、2：1、3：1、5：1 的浆液进行了测

定，浆液流变参数试验结果见表 6.4-3。

不同水灰比浆液流变参数试验结果　　　　　　　　　表 6.4-3

水灰比	A 水泥		B 水泥	
	τ_0 (Pa)	η (mPa·s)	τ_0 (Pa)	η (mPa·s)
0.5：1	13.8	83	24.41	90
0.8：1	1.79	12.7	3.77	14
1：1	0.81	8.5	2.02	8.6
2：1	0.52	4.2	1.02	6.3
3：1	0.41	4.0	0.60	5.2
5：1	0.40	3.5	0.56	4.3

测定了不同浆液不同水化时间 t 后的流变参数，将 t/T 作为变量，进行统计整理，结果见表 6.4-4、表 6.4-5。

A 水泥不同水灰比水泥浆液流变参数试验结果　　　　　表 6.4-4

0.5：1			0.8：1			1：1			3：1		
t/T	τ_0 (Pa)	η (mPa·s)	t/T	τ_0 (Pa)	η (mPa·s)	t/T	τ_0 (Pa)	η (mPa·s)	t/T	τ_0 (Pa)	η (mPa·s)
0.019	13.8	83	0.015	1.79	12.7	0.014	0.81	8.5	0.007	0.41	4
0.074	18.4	82	0.182	2.15	14	0.189	0.86	9.2	0.160	0.42	4.9
0.185	28.62	83	0.318	2.37	16	0.297	0.97	9.6	0.320	0.43	5.3
0.296	55.19	84	0.682	3.19	17	0.757	1.68	11	0.467	0.45	5

B 水泥不同水灰比水泥浆液流变参数试验结果　　　　　表 6.4-5

0.5：1			0.8：1			1：1			3：1		
t/T	τ_0 (Pa)	η (mPa·s)	t/T	τ_0 (Pa)	η (mPa·s)	t/T	τ_0 (Pa)	η (mPa·s)	t/T	τ_0 (Pa)	η (mPa·s)
0.026	42.41	90	0.020	0.77	14	0.016	0.83	10	0.009	0.6	6
0.051	41.39	95	0.245	0.82	14.7	0.190	1.16	11.5	0.313	0.63	5.5
0.103	50.08	91	0.490	1.28	14.5	0.381	1.37	9.9	0.522	0.65	5.2
0.272	68.23	99	0.857	4.5	12.2	0.667	2.13	11.4	0.730	0.72	5.3

对数据进行拟合，得到水泥浆液流变参数计算关系式见表 6.4-6。拟合曲线见图 6.4-2～图 6.4-5。拟合得到的流变方程可用 $\tau_0 = \tau_1 e^{K_1/W}$、$\eta = \eta_1 e^{K_2/W}$ 表示。

拟合得到的水泥浆液流变参数计算关系式　　　　　　表 6.4-6

流变参数	A 水泥		B 水泥	
	关系式	相关系数(R^2)	关系式	相关系数(R^2)
τ_0	$\tau_0 = 0.20 e^{1.94/W}$	0.94	$\tau_0 = 0.32 e^{2.08/W}$	0.99
η	$\eta = 1.97 e^{1.72/W}$	0.96	$\eta = 2.64 e^{1.59/W}$	0.93

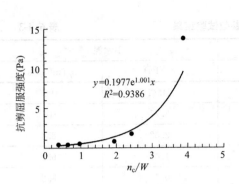

图 6.4-2　A 水泥 τ_0 拟合曲线

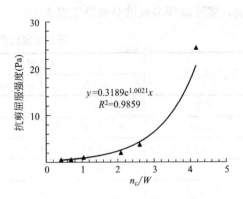

图 6.4-3　B 水泥 τ_0 拟合曲线

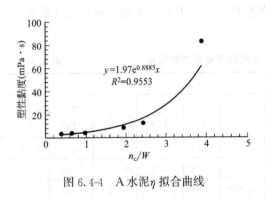

图 6.4-4　A 水泥 η 拟合曲线

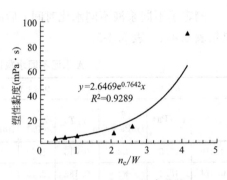

图 6.4-5　B 水泥 η 拟合曲线

塑性黏度 η 随浆液水化时间变化较小，可认为其为常数。抗剪屈服强度 τ_0 受浆液水化时间影响较为明显，经拟合分析，考虑水化时间影响的 τ_0 可表示为：

$$\tau_0 = K_c K_1 e^{n_c/W} e^{K_2 t/T}$$

式中　K_1、K_2——常数。

浆液抗剪屈服强度受水化时间影响规律如图 6.4-6 所示，浆液流变关系常数取值如表 6.4-7 所示。

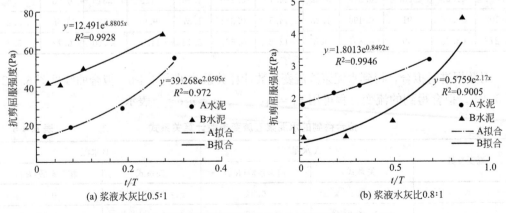

(a) 浆液水灰比 0.5∶1　　　　　(b) 浆液水灰比 0.8∶1

图 6.4-6　浆液抗剪屈服强度受水化时间影响规律（一）

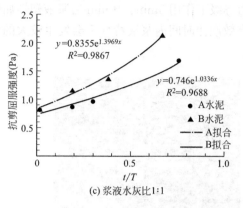

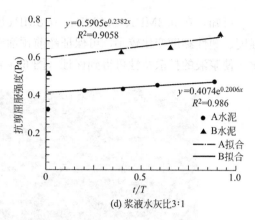

图 6.4-6　浆液抗剪屈服强度受水化时间影响规律（二）

表 6.4-7

浆液流变关系常数取值

水泥浆液		流变方程
A 水泥	$W=0.5:1$	$K_1=4.05, K_2=2.05, R^2=0.97$
	$W=0.8:1$	$K_1=0.80, K_2=0.85, R^2=0.99$
	$W=1:1$	$K_1=0.33, K_2=1.03, R^2=0.97$
	$W=3:1$	$K_1=1.07, K_2=0.20, R^2=0.99$
B 水泥	$W=0.5:1$	$K_1=0.61, K_2=4.88, R^2=0.99$
	$W=0.8:1$	$K_1=0.13, K_2=2.17, R^2=0.90$
	$W=1:1$	$K_1=0.33, K_2=1.40, R^2=0.99$
	$W=3:1$	$K_1=0.92, K_2=0.24, R^2=0.91$

3）缓变型浆液流变参数

试验制作了钢制圆形加压桶，分别在 0.3MPa、0.5MPa、0.8MPa 压力等级下作用 5min、10min 后测定浆液的塑性屈服强度、塑性黏度，结果见表 6.4-8、表 6.4-9。

表 6.4-8

压力作用下浆液塑性屈服强度测定（Pa）

编号	无压力	0.3MPa 压力		0.5MPa 压力		0.8MPa 压力	
		5min	10min	5min	10min	5min	10min
HB-1	11	12	12	13	14	15	16
HB-2	15	15	15	17	19	18	20
HB-3	36	36	36	38	42	40	48

表 6.4-9

压力作用下浆液塑性黏度测定（Pa·s）

编号	无压力	0.3MPa 压力		0.5MPa 压力		0.8MPa 压力	
		5min	10min	5min	10min	5min	10min
HB-1	0.23	0.24	0.25	0.25	0.26	0.27	0.28
HB-2	0.89	0.89	0.97	0.96	1.03	0.95	1.11
HB-3	1.83	1.83	1.98	1.92	2.06	2.05	2.17

可知，在 0.3MPa、0.5MPa、0.8MPa 压力等级下作用 5min、10min 后浆液塑性屈服强度、塑性黏度变化较小，可保证超前预灌浆有效灌注时间内浆液特性不会发生较大的变化，使浆液的扩散特性可得到保证（图 6.4-7）。

图 6.4-7　试验照片

6.4.4　浆液主要特点

与常用的超前预灌浆纯水泥基浆液相比，流变性能缓变水泥基灌浆材料具有以下特点：

（1）浆水分离，水难以进入浆液。

（2）在 0.3MPa、0.5MPa、0.8MPa 压力等级下作用 5min、10min 后浆液塑性屈服强度、塑性黏度变化较小，流变特性较为稳定。

（3）泵压喷射或水流作用下浆液不分散。

6.5　超前预灌浆浆液选取

灌浆材料应根据加固地层结构、水流状态、经济性等因素综合选取，以水泥基浆液为主，化学浆液为补充。超前预灌浆浆液选取参考表 6.5-1。

超前预灌浆浆液选取参考　　　　　　　　　　表 6.5-1

水流状态	微细开度裂隙	细开度裂隙	小开度裂隙	中等开度裂隙	大开度裂隙	溶沟、溶洞等
静水	化学浆/黏土浆/缓变型浆液	纯水泥浆/缓变型浆液	纯水泥浆/缓变型浆液	普通膏浆/缓变型浆液	普通膏浆/缓变型浆液	模袋、填级配料、速凝膏浆
小流速 <0.1m/s	黏土浆	纯水泥浆	纯水泥浆	普通膏浆	速凝膏浆	模袋、填级配料、速凝膏浆
一定流速 0.1~0.5m/s	—	纯水泥浆	纯水泥浆	水泥-水玻璃浆	速凝膏浆/少析水不沉淀浆液	模袋、填级配料、速凝膏浆
高流速 >0.5m/s	—	—	水泥黏土浆	速凝膏浆/少析水不沉淀浆液	速凝膏浆/少析水不沉淀浆液	模袋、填级配料、速凝膏浆

第7章 高压超前预注浆关键施工工艺与设备

7.1 高承压水地层成孔关键工艺

7.1.1 成孔关键技术问题及相关产品调研

超前钻孔探测到高压水时，水会沿着钻杆喷射而出，对施工设备及人员形成较大的威胁。预灌浆施工也要求及时封堵，一旦钻杆被顶出后再无法下设灌浆管，因此，封堵装置至关重要。

经调研，适用于隧洞超前预灌浆钻孔防高压水的封堵装置，目前在岩土工程领域无相关可用产品。在煤炭行业，钻孔双端封堵进行高压测试的装置较多，可以给研发提供参考。

1) 山东矿业学院产品

山东矿业学院产品需人工连接推送杆，再逐根推送至孔内，属于胶囊送入式，可利用钻机进行推送（图 7.1-1）。

2) 河南理工大学产品

河南理工大学产品胶囊起胀和钻孔注水采用同一套管路系统，通过注水阀门开启与闭合实现胶囊和钻孔注水的转换。先给胶囊注水使其膨胀，当水压继续升高超过注水阀门的开启压力阈值后，阀门开启向测试段注水（图 7.1-2）。

由于注水阀门开启和关闭压力阈值不一致，关闭压力较开启压力阈值偏低，致使开启容易关闭难，制止不住孔内水压的升高，容易使胶囊封堵失效。

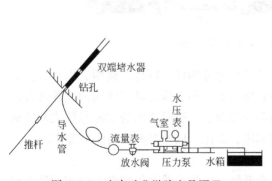

图 7.1-1 山东矿业学院产品原理

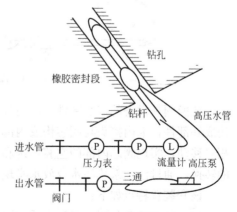

图 7.1-2 河南理工大学产品原理

3) 山东科技大学产品

山东科技大学产品（图 7.1-3）胶囊起胀与钻孔测试段注水采用两套独立的管路系统

分别控制，也存在局限性，主要表现在：

（1）人工连接推送杆将胶囊推送至孔内，孔深受到限制；

（2）注水阀门转换是依靠注水压力来完成，由于注水阀门开启与关闭压力阈值不一致，容易使胶囊封堵失效，可靠性不强；

（3）胶囊和测试段注水采用2套独立的管路系统，仪表较多，管路系统及现场操作较为复杂。

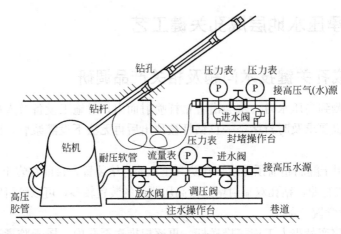

图 7.1-3 山东科技大学产品原理

4）煤炭科学研究总院产品

煤炭科学研究总院产品由注水泵、注水管路及水量、水压观测系统、钻机、钻具、转换阀、胶囊、花管等部件组成（图 7.1-4）。

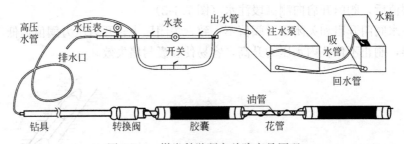

图 7.1-4 煤炭科学研究总院产品原理

转换阀是设备的核心部件，由内部件和外部件两部分构成。阀体、阀帽、卡外接头等构成外部件，卡内接头与阀芯构成内部件。随着钻具上推和下拉带动转换阀内、外部件的相对移动，实现阀芯内部的空腔系统和阀体内部与胶囊、测试段连通的空腔系统之间连通的转换，通过注水系统注水或放水实现对胶囊膨胀、泄压，以及对测试段注水等作用。

该套装置特点如下：

（1）胶囊膨胀与测试段注水采用同一套注水系统，取消了单独供胶囊起胀用的注水或注气系统，消除了由于管路缠绕、堵塞发生孔内事故的隐患；

（2）使用转换阀，通过钻具上下移动实现转换阀的机械转换，效果较可靠；

（3）胶囊由钻机钻杆送入，可克服大孔深探测难题；

（4）胶囊膨胀压力可达 4～6MPa，在孔内水量较大（如 10～20m³/h）、水压力较大（如 2～4MPa）时依然适用；

（5）结构仍然较为复杂，应用较困难。

在实际应用过程中，以上装置普遍存在孔内同时有供胶囊膨胀和给测试段注水的管路系统致使上下钻具时容易发生故障，孔口仪表较多且连接比较复杂，以及孔内涌水较大时不适用等问题。

7.1.2　成孔关键工艺研究

现有的处理方案是在孔口管、封闭器内加密封圈，靠密封圈与钻杆紧密配合解决密封问题。这种方法适用于静水、低压力（2MPa 以下）情况，但是在钻机过程中钻杆回转和冲击一直是在密封圈内工作，这个过程也是中间环节要紧密配合。因为环状间隙小，各方位和斜度都布置有钻孔，钻杆与孔口封闭器不容易完全同心，而钻杆表面光洁度差，难免造成钻杆与密封圈的摩擦加大，进而损坏密封系统。在退钻时，由于需要操作员近前操作，密封不足，高压水极易造成安全事故。

在高压水的状况下，如何解决安全钻孔、加钻、退钻的问题较为急迫。本研究开发了一种高压水条件下安全钻进的孔口装置，并形成了配套的施工工艺。

1. 安全钻进装置研究

安全钻进装置主要包括前段孔口管和后段孔口管，前段孔口管内设置有密封圈，在前段孔口管和后段孔口管之间，串接高压阀门。

在前段孔口管内设置一个压力密封装置（图 7.1-5），包括液压内膨胀密封塞或气压内膨胀密封塞。高压阀门与前段孔口管、后段孔口管之间通过法兰盘连接；压力密封装置设置于密封圈的前方。

图 7.1-5　防高压水钻孔孔口封闭装置（机械、液压式）

钻具受力包括：膨胀作用力 F_1、重力 G、摩擦力 f 和高压水推力 F_2，以此类工程常用的直径 76mm 的钻具为例，长度为 0.5m 的内膨胀塞作受力分析，膨胀塞可加压至 6MPa。

$$f = (G + F_1) \eta$$

式中　F_1——膨胀作用力，等于外加压强乘以表面积；

　　　η——钢管与橡胶摩擦系数按 0.5 计算；

　　　G——重力，可忽略。

试验计算显示，内膨胀塞可承受的最大压强约 79MPa，远大于目前工程上所遇最大压强 12MPa，可认为此系统膨胀塞是安全可靠的。

装置能够在含高压水的岩层中钻孔、加钻杆和退钻杆时封闭高压水，减小操作难度和加大安全系数；能够有效地阻止岩层内的高压水向外渗漏，解决钻孔遇到高压水时的安全退钻问题。将压力密封装置设置于密封圈的后方，在最后一段钻具退出高压止浆阀的时候，即使已经脱离了密封圈，仍可确保钻杆受到液（气）压内膨胀塞的作用，保证了密封效果。

密封圈用于钻孔突遇高压水时封闭高压水。钻进时，液（气）压内膨胀塞处于未加压状态。内膨胀塞加压管是对液（气）压内膨胀塞加压和卸压的进（出）液（气）管。液（气）压内膨胀塞的作用是完全封闭高压水和对钻杆加压抱死，使钻杆在高内压状态下不至于射出孔口。正常钻进状态下，液（气）压内膨胀塞是处于未加压状态。当需加钻杆时，加压使钻杆完全抱死固定，退去连接钻杆头部的钻机动力头，加钻杆，再连接钻杆动力头，液（气）压内膨胀塞卸压，钻杆在动力头推进下钻孔或下入孔内。当需退钻杆时，钻杆在动力头带动下退出，当钻杆连接手退出前段孔口管，加压使钻杆完全抱死固定，退去连接钻杆头部的钻机动力头，卸钻杆，再连接钻杆动力头，液（气）压内膨胀塞卸压。当有多根钻杆退出时，重复以上动作，逐根退出钻杆。

高压阀是用于退钻完毕后对钻孔进行封闭，避免高压水射出孔口的装置。在钻进、加钻杆的过程中该部件一直处于打开状态；在退钻杆时，当最后一根钻杆（或钻具）退至液（气）压内膨胀塞以内时，即可关闭。高压阀也可用作纯压式灌浆的密闭阀门之一。

防高压水钻孔孔口封闭装置研发完成后，在新疆某调水工程中进行了测试应用，4.0MPa 水压条件下效果较好。

2. 安全钻进配套工艺研究

液（气）压内膨胀塞平时处于无压状态，有足够大的间隙供钻杆进出，主要靠密封圈止水。如突遇高压水，停止钻进，退出钻杆；如发现钻杆与密封圈之间射水，则退出第一个连接手时，加压使液（气）压内膨胀塞膨胀，使之与钻杆抱死并密封，下第一根钻杆后，将推进器丝扣与第二根连接，松开液（气）压内膨胀塞，退钻至第二个连接手重复以上工作，直至钻具全部退出灌浆密封系统。钻具退出高压阀后，即可通过高压阀封闭前段灌浆系统。

1）钻杆钻进加钻

（1）高压阀一直为打开状态，当一根钻杆钻进完毕，仅余连接装置时，启动内膨胀塞，使其与钻杆抱死并形成密封；

（2）退出钻杆动力头，将前一连接装置与新加钻杆连接，再松开液（气）压内膨胀塞，然后钻进；

（3）重复步骤（1）～（2），直至钻至设计孔深。

2）已钻孔内加钻杆（射浆管）进行循环式灌浆

（1）高压阀为关闭状态，动力头带动第一根钻杆（射浆管）进入膨胀塞，启动内膨胀塞使其与钻杆（射浆管）抱死并形成密封，打开高压阀，此后高压阀为打开状态；

（2）退出钻杆动力头，将前一连接装置与新加钻杆连接，再松开液（气）压内膨胀塞；

（3）重复步骤（1）～（2），直至加完最后一根钻杆（射浆管）。

步骤（2）所述的"连接装置"可以是丝扣，也可以是更前方一段钻杆的连接手。

3）退钻

（1）退出一段钻杆，然后停止；

（2）启动膨胀密封装置，使其与钻杆形成密封；

（3）卸下退出的一段钻杆，将前一连接装置与后一段钻杆的连接手连接，再松开液（气）压内膨胀塞，然后退出后一段钻杆；

（4）重复步骤（1）～（3），直到余下最后一段钻杆；

（5）关闭高压阀，然后退出最后一段钻杆和钻头。

前述各步骤中的"一段钻杆"通常可以理解为一节钻杆，即两个相邻连接手之间的钻杆。

7.1.3　孔口封闭装置及工艺研究

1. 模袋止浆装置

孔口管镶铸及等强需要占直线工期，同时需要进行大口径钻孔施工，有水情况下孔口管镶铸质量保证度降低。

模袋止浆装置主要原理是将水泥浆或水泥砂浆注入土工模袋使之膨胀达到堵漏的目的。安装好后即可进行后续灌浆施工，不需待凝等强。模袋止浆装置制作及安装如图 7.1-6 所示。

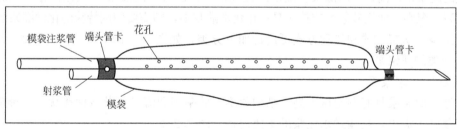

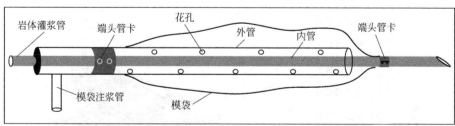

图 7.1-6　模袋止浆装置制作示意

2. 专用孔口封孔器调研及选型

采用矿用的煤层加固封孔器进行一次性灌浆塞卡塞。该类塞主要用于出水孔或需要进入掌子面前方一定距离灌浆的情况，灌浆完成后塞预留在孔内。

封孔器使用快捷、简便，将封孔器完全插入钻孔内，与压力源连通，启动压力，升压至 0.4MPa 时，胶管完全膨胀实施封孔（图 7.1-7）。此时安全阀开启，向岩体注水或灌浆。注水或灌浆完毕后，只需将与封孔器连接的连管反时针旋出，封孔器仍然在钻孔内保持膨胀状态实现长时间封堵，可以有效保证岩体钻孔内水分或浆分不发生倒流情况。

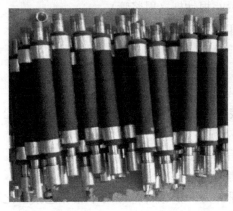
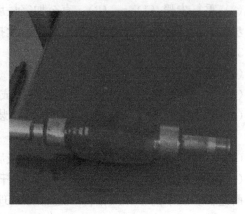

图 7.1-7　封孔器实物

7.2　隧洞超前预注浆 15MPa 超高压灌浆设备

7.2.1　现有灌浆泵种类及性能特点

灌浆泵是灌浆施工中必不可少的设备，根据流量、压力以及灌浆材料的不同，需采用不同形式的灌浆泵；高、中压灌浆工况采用柱塞泵；在进行双液灌浆时，则采用双液灌浆泵；低压灌浆工况则可使用砂浆泵或挤压泵；在化学灌浆中，则需要使用特殊的化学灌浆泵。

灌浆泵按送浆方式和传动方式可进行如下分类，如图 7.2-1 所示。本章主要介绍按送浆方式分类的灌浆泵。

1. 柱塞式灌浆泵

柱塞式灌浆泵具有额定压力高、结构紧凑、效率高和流量调节方便等优点，能够满足各种灌浆施工需求，是输送水泥浆的主要设备（图 7.2-2）。

图 7.2-1　灌浆泵分类　　　　　　图 7.2-2　柱塞式灌浆泵

柱塞式灌浆泵泵组分为泵和机座总成两大部件。

　　泵由两部分组成：一部分是直接输送浆液，把机械能转化为浆液压力能的液力端，它由泵头总成及排道管总成组成；另一部分是将原动机的能量传给液力端的传动端（动力端）。传动端主要由行星减速离合器总成、变速器总成和偏心轮传动总成组成。

　　机座总成是各部件组合成整体的基础，由侧梁、衬管、顶板和底座等组焊而成，顶部用紧固件固定两块电动机板，以便放置电机，从而构成机座总成。

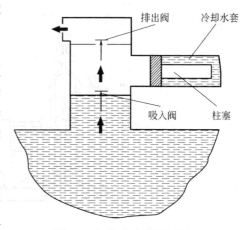

图 7.2-3　柱塞式灌浆泵原理

　　柱塞式灌浆泵原理如图 7.2-3 所示，由电机通过偏心轮带动柱塞往复运动，引起密闭的容积周期性改变，从而形成腔室内外压力差变化，以吸入和排出液流输送流体，实现能量转换。当柱塞冷却水套的左端位置（左死点）向右移动时，柱塞左端工作室容积不断扩大。由于工作室是密封空腔，不与外界相通，所以左边工作室内压力逐渐降低，到达某一程度时（形成负压），浆液在液面大气压力的作用下，挤开吸入阀进入工作室，直至柱塞移至最右边位置（右死点）为止，这一过程为泵的吸入过程。

　　当柱塞到达右死点后，工作液停止吸入，吸入阀在自重作用下被关闭。柱塞向左端移动时，液力端一边工作室容积缩小，工作液受挤，室内压力逐渐增大，拉开排出阀，浆液排出。进入排出管道直至柱塞达到行程，即左端终点（左死点）为止，这一过程称为泵的排出过程。柱塞在一次往复过程中，吸入和排出浆液各一次。柱塞不断往复运动，使浆液连续吸入或排出。

图 7.2-4　活塞式灌浆泵

　　在工作过程中，柱塞在缸套中往复运动，其金属表面与缸套及嵌入缸套中部的 V 形橡胶密封圈在压送浆液过程中相互摩擦，柱塞磨损面为外表面，硬化、加工较方便。

　　2. 活塞式灌浆泵

　　活塞式灌浆泵靠活塞往复运动，使得泵腔工作容积周期变化，实现吸入和排出浆液（图 7.2-4）。

　　活塞式灌浆泵原理如图 7.2-5 所示，由泵缸、活塞、进出口阀门、连杆和传动装置组成。

　　活塞式灌浆泵由三角皮带及一对齿轮将电动机回转运动传递至曲轴，再通过连杆、十字头使活塞产生往复运动。当活塞向外运动时，出口逆止阀在自重和压差作用下关闭，进口逆止阀在压差作用下打开，将液体吸入泵腔。当活塞向内开压时，泵腔内压力升高，使进口逆止阀关闭，出口逆止阀开启，将液体压入出口管道。齿轮箱为封闭式，采用飞溅润滑各运动部

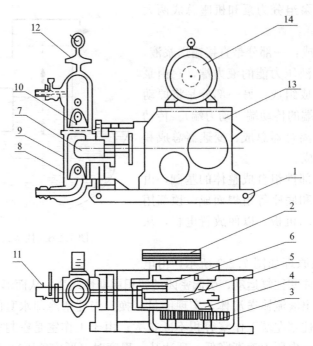

1—底架；2—皮带轮；3—齿轮；4—曲轴；5—连杆；6—十字头；7—活塞；8—进口止回阀；9—泵缸；
10—出口逆止阀；11—卸浆阀；12—保护装置；13—变速箱；14—电动机

图 7.2-5　活塞式灌浆泵原理

分。浆液由吸入阀经泵缸压送至空气室排出，在空气室上装有泄浆阀及压力安全装置，活塞式灌浆泵采用电器自动控制安全装置，当空气压力超过额定工作压力时，通过控制回路切断主电路电流，使电机自动停止运转。

活塞式灌浆泵在工作过程中，活塞在缸套中往复运动，其活塞芯外的耐磨橡胶层与缸套金属表面在浆液介质中相互摩擦，缸套磨损面为外表面，需镀硬化层，精度要求高，加工难度较大。

3. 螺杆式灌浆泵

螺杆式灌浆泵是一种回转式容积泵，由动力端和液力端两部分组成（图 7.2-6）。

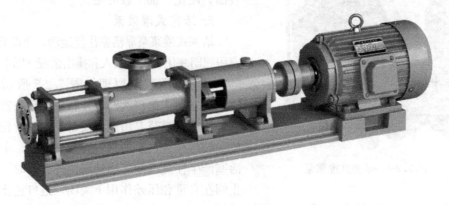

图 7.2-6　螺杆式灌浆泵

动力端的主要部件为轴承箱,其中用滚动轴承安装一传动轴。轴的一端通过联轴器与动力输入部分直接连接,亦可在其中间安装离合器和变速机构;轴的另一端,通过一套万向机构将动力传递于螺杆。为了防止浆液进入轴承箱,在传动轴和泵体之间设有密封装置。

液力端主要由泵体、定子(即衬套)和转子(即螺杆)三部分组成。泵体一般为铸钢件。转子置于定子中前端直接与万向节连接,后端为活动端。转子纵向外形呈螺旋波状,其断面呈圆形。转子为泵的主要工作零件,其材料多采用耐磨、耐蚀的铬钢。定子的纵向为双头螺旋波状,其断面为长圆形。定子的材料外层为金属材料圆筒,内层为耐磨橡胶。泵体一端有轴承箱体和进水管道,另一端为出水管道,用螺栓将定子两端连成整体。

螺杆式灌浆泵原理如图 7.2-7 所示,其工作时浆液被吸入后就进入螺纹与泵壳所围的密封空间,当主动螺杆旋转时,螺杆泵密封容积在螺牙的挤压下提高螺杆泵压力,并沿轴向移动。由于螺杆是等速旋转,所以液体出流流量也是均匀的。由于各螺杆的相互啮合以及螺杆与衬筒内壁的紧密配合,在泵的吸入口和排出口之间,就会被分隔成一个或多个密封空间。随着螺杆的转动和啮合,在泵的吸入端不断形成密封空间,将吸入室中的浆液封入其中,并沿螺杆轴向自吸入室连续地推移至排出端,将封闭在各空间中的浆液不断排出。

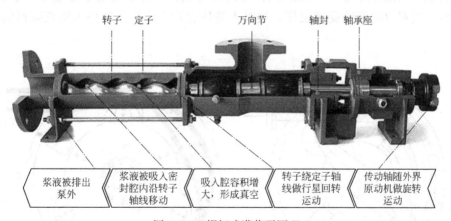

图 7.2-7　螺杆式灌浆泵原理

螺杆式灌浆泵具有结构简单、体积小、流量平稳、压力脉动小、性能可靠等特点,适用于存有较大砂粒的黏稠浆液的输送。但螺杆和衬套工作运动副的制造加工要求高,工作特性对黏度变化比较敏感;同时螺杆式灌浆泵输出压力与泵轴长度相关,泵轴长度越大,可输出压力越大,而受机械加工条件限制,泵轴不能太长,因而螺杆泵的灌浆压力难以达到超高压标准。

4. 挤压式灌浆泵

挤压式灌浆泵属于转子式容积式泵,它是靠泵中挠性元件(胶管)的弹性和转子上的滚轮或滑靴工作的(图 7.2-8)。

挤压式灌浆泵由滚轮、轮架、挤压胶管、复位导轮、泵体、传动装置等组成。挤压胶管一般为特制的用编织尼龙加强的高弹性厚壁橡胶管,根据输送介质的不同可分为天然橡胶管和丁腈橡胶管两种。根据使用时的速度、出口压力和介质的温度不同,软管的工作寿

图 7.2-8　挤压式灌浆泵

命为 1000～8000h。

挤压式灌浆泵原理如图 7.2-9 所示。挤压胶管呈 U 字形，当轮架转动时，带动滚轮沿着挤压胶管输送做行星转动，并压在挤压管上做自动滚动，使挤压管内浆液受到挤压，沿出料管排出。当滚轮压过后，被挤压后的胶管靠本身的弹性和复位导轮复原，使胶管内呈局部真空，进料口的浆液受到负压，被吸入挤压胶管，这样循环挤压实现浆料的吸入与排出。

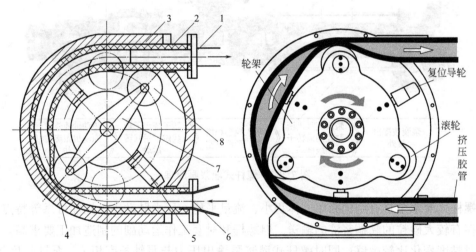

1—出料管；2—挤压胶管；3—泵体；4—锁闭点；5—复位导轮；6—进料口；7—轮架；8—滚轮

图 7.2-9　挤压式灌浆泵原理

挤压式灌浆泵结构简单，使用方便，排量可调节，进出口可轮换，便于排出堵塞异物，有一定的自吸能力。其缺点是挤压胶管寿命较短，输送高度低，距离短。挤压式灌浆泵出浆量能达到 550L/min，但由于被挤压管路的限制，灌浆压力很难达到 1.5MPa，进而限制了其在中高压灌浆工程中的应用。

5. 隔膜式灌浆泵

隔膜式灌浆泵是依靠一个隔膜片的来回鼓动改变工作室容积从而吸入和排出浆液的，主要由传动部分和隔膜缸头两大部分组成（图 7.2-10）。

传动部分是带动隔膜片来回鼓动的驱动机构，它的传动形式有机械传动、液压传动和气压传动等，其中应用较为广泛的是液压传动。隔膜式灌浆泵的工作部分主要由曲柄连杆机构、滑动杆、液缸、隔膜、泵体、单向球阀等组成，其中，由曲轴连杆、滑动杆和液缸构成的驱动机构与往复柱塞式灌浆泵十分相似。

隔膜式灌浆泵原理如图 7.2-11 所示，其工作时，电机与减速机通过轴承箱带动曲轴旋转，由变向机构将曲轴端的圆周运动转变成滑动杆的轴向移动，滑动杆的运动通过液缸内的工作液体（一般为油）传到隔膜，再带动隔膜往复运动。在左右两个泵腔内，装有上下四个单向球阀，隔膜的运动造成

图 7.2-10　隔膜式灌浆泵

工作腔容积改变，迫使四个单向球阀交替地开启和关闭，从而将浆液不断地吸入和排出。

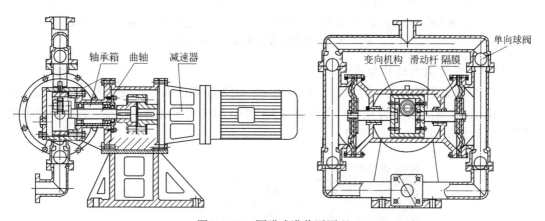

图 7.2-11　隔膜式灌浆泵原理

隔膜缸头部分主要由一隔膜片将被输送的浆液和工作液体分开，当隔膜片向传动机构一边运动时，泵缸内工作时为负压而吸入浆液，当隔膜片向另一边运动时，则排出浆液。被输送的浆液在泵缸内被隔膜片与工作液体隔开，只与泵缸、单向球阀及隔膜片的一侧接触，而不接触滑动杆以及密封装置，这就使滑动杆等重要零件完全在油介质中工作，处于良好的工作状态。

隔膜式灌浆泵体积小，易于移动，但因结构限制输出流量较低，多数应用在小系统中；出口压力较小，一般上限为 0.8MPa；不易输送含有较大颗粒流体；造价高，一旦发生阻塞事故，维修相对困难且维修成本高；相对于螺杆式灌浆泵，膜片寿命较短，容易损坏。

7.2.2　15MPa 超高压灌浆泵研制

1. 超高压灌浆泵工作原理

通过对已有灌浆泵种类进行选型对比，为达到 15MPa 稳定的灌浆压力，并且考虑泵

体拆解、清洗、养护等操作便捷性与制造成本，灌浆泵采用卧式往复柱塞式设计。

往复柱塞式灌浆泵通过压缩油或压缩空气提供工作动力，工作原理如图 7.2-12 所示，主要是利用油缸和灌浆泵具有较大作用面积，这样只要很小的压力就可以使缸体产生注射压力。当曲柄以角速度 ω 逆时针旋转时，活塞向右运动，腔体的容积突然增大，腔体内压力降低，在外压力作用下吸入阀开启而排出阀关闭，被输送的浆液在压力差的作用下克服吸入管路和吸入阀等的阻力损失进入腔体。当曲柄转过 180° 以后活塞向左移动，浆液被挤压，腔体内浆液压力急剧增加，在这一压力作用下吸入阀关闭而排出阀开启，腔体内浆液在压力差的作用下被排送到排出管路中去。曲柄以角速度 ω 不停地旋转时，往复泵就不断地吸入和排出浆液。

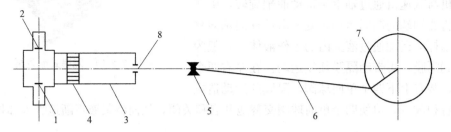

1—吸入阀；2—排出阀；3—腔体；4—活塞；5—十字头；6—连杆；7—曲柄；8—填料函

图 7.2-12　往复柱塞式灌浆泵工作原理

2. 超高压灌浆泵结构组成

15MPa 超高压灌浆泵（图 7.2-13）由主泵、皮带轮系、机座、安全阀、调节阀、逆止阀、电动机、启动柜及专用工具等组成。工作中柱塞采用油润滑及冷却，以保证密封的可靠性，其结构如图 7.2-14 所示。

图 7.2-13　15MPa 超高压灌浆泵

1）主泵

主泵由液力端与动力端两部分组成（图 7.2-15）。液力端主要由柱塞、柱塞密封组、吸排液阀组件、泵头、吸入通道等部件组成。动力端主要由主轴、传动齿轮、曲轴、连杆、十字头滑套、箱体等组成。动力端的曲轴上安装有三个相同的连杆，每个连杆通过十字头与柱塞连接，将曲轴的回转运动转换成柱塞的直线往复运动，实现吸入与排出液体。

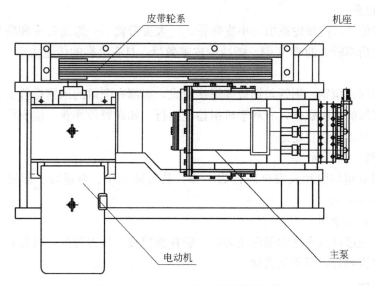

图 7.2-14　15MPa 超高压灌浆泵结构

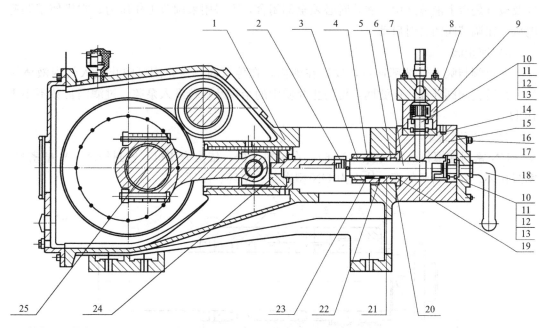

1—低套；2—锁紧母；3—压母；4—填料函；5—垫环；6—圆螺母；7—螺套；8—排出通道；9—排出舱室；10—阀座；
11—阀板；12—限位套；13—塔簧；14—垫片；15—泵头；16—紧固螺母；17—阀座压板；18—吸入通道；
19—密封压环；20—V 型密封；21—密封托环；22—密封组；23—密封压环；24—十字头；25—连杆

图 7.2-15　主泵结构

曲轴的回转运动是通过主轴上的两个尺寸相同的小齿轮与曲轴上两个尺寸相同的大齿轮相互啮合来实现的。液力端的柱塞采用特种钢淬火处理，密封可以通过填料函上的压母来调节，以便获得可靠的密封效果，泵头是用整料锻成，吸入阀与排出阀具有相同的结构，使用弹簧顶压，简化了液力端的结构。三个泵头共用统一的吸入通道和排出通道。

2）皮带轮系

采用皮带传动，皮带轮系由一小皮带轮、一大皮带轮、一组皮带轮和防护罩组成。皮带选用了传动功率较大的窄 V 带，能减少皮带数量，具有可靠的传递功率。

3）机座

机座由槽钢、角钢、钢管与钢板等焊接而成，底部有余留的地脚螺栓安装孔，固定使用时，使用可靠的地脚螺栓，有利于机组稳定运行。如在野外作业，应安放在坚实、平整的地面上，以保证机组稳定运行。

4）安全阀、调节阀

研制的调节阀与膜片式安全阀合为一体，具有体积小、重量轻、起爆灵敏、装配简单、使用方便等优点。

（1）膜片式安全阀

当安全阀的进口压力达到限定压力时，膜片被剪破。压力释放，可保护人员安全。排出故障后，更换膜片，可重新启动。

（2）调节阀

调节阀主要用在开泵时快速调节工作压力及停泵时降低输出系统压力，可作开泵时排气及检查是否上液体之用。灌浆时必须全部闭合，不得用来调节工作压力。本机使用调速电机，在调节阀闭合时启动。

5）逆止阀

逆止阀与吸入管端部连接，放置在池内，在停泵时，逆止阀可防止吸入管内液体流失。在逆止阀阀外加一层滤网，可防止介质中的杂物及颗粒进入泵腔，过滤网目数不小于16 目。

6）柱塞密封组

UN 密封在填料函外（图 7.2-16），在填料函内，依次为压母、密封压环、V 型密封、密封托环。在填料函外部，依次为 UN 型密封、垫环、压环。

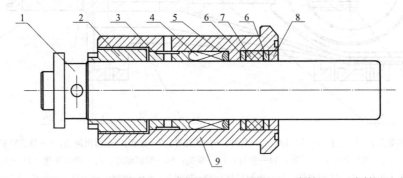

1—圆螺母；2—压母；3—连杆；4—十字头；5—密封压环；6—垫环；7—密封组；8—密封压环；9—填料函

图 7.2-16　栓塞密封组结构

7）电动机

采用的电动机为 YCTD 调速电机。

3.超高压灌浆泵技术特点与规格

1）技术特点

（1）采用轴瓦式传动，可避免滚针式传动的突然性事故，延长动力端工作寿命，不影响现场的工程进程；

（2）曲轴采用加粗设计，不容易磨损、破坏；

（3）液压端拆卸方便，配件经久耐用。

2）技术参数

超高压灌浆泵主要技术参数见表 7.2-1。

超高压灌浆泵主要技术参数　　　　　　　　　　　表 7.2-1

长×宽×高	290cm×170cm×120cm
总重量	3500kg
柱塞缸数	3 个
柱塞直径	50mm
排出口直径	25mm
额定功率	90kW
额定压力	15MPa
额定排量	90L/min

7.2.3　15MPa 超高压灌浆泵测试试验

为检验灌浆泵灌浆压力是否可达到 15MPa，以及灌浆泵在超高压条件下的工作稳定性，开展了 15MPa 超高压灌浆泵测试试验（图 7.2-17），并邀请了水利部水利水电规划设计总院、中国水电基础局有限公司、北京振冲工程股份有限公司、北京交通大学等单位的有关专家进行了试验现场察看、形成专家咨询意见。

图 7.2-17　15MPa 超高压灌浆泵测试试验现场

测试试验在灌浆管路上设置高压阀门，调节阀门开度可模拟地层吃浆情况、测试分析高压泵灌浆压力，并采用压力表、压力传感器等对灌浆压力进行了实时监测。

现场测试试验结果（图 7.2-18）表明：

图 7.2-18　灌浆压力达到 15MPa

（1）监测试验数据可相互印证，数据可靠，灌浆泵灌浆压力可达 15MPa 以上；

（2）采用水泥浆液进行试验，15MPa 压力条件下压力、流量可长时间保持平稳，灌浆泵可用于隧洞超前超高压预注浆。

15MPa 超高压灌浆泵目前已成功应用于重庆轨道交通十八号线李家沱复线桥桩基检测孔充填灌浆，经检测单位鉴定，桩基完整性及强度仍满足设计要求，处理效果显著。

7.3　高压超前预灌浆关键施工工艺

7.3.1　总体施工思路

超前灌浆堵水（防突涌水）施工方案主要针对富水洞段开挖过程中易揭露承压水或突涌水的情况。施工过程中应严格遵循"超前地质预报先行、掌子面加固（根据掌子面围岩情况）、探孔施工、可靠防护、超前封堵"的施工思路。

1）超前地质预报先行

主要指采用地质勘探和物探进行测试，了解富水洞段的地层岩性及岩溶水文地质情况，探明岩体结构发育情况及富水构造特征，为后续探孔施工及超前灌浆堵水提供参考依据。

2）掌子面加固

即为掌子面止浆墙施工，目的是高效、安全、快速地实施超前预灌浆施工，降低安全风险。如超前预报或实地查勘其开挖掌子面岩体极为破碎（软岩或软岩过度至硬岩），为增加截面段的抗压强度，需在掌子面位置全段面浇筑一定厚度的止浆墙，以利于后续探孔及超前灌浆钻孔遇高压水后的安全封堵。

3）超前探孔

主要指根据超前地质预报须超前施工探孔，有针对性地对结构发育区域及富水部位进行钻孔勘探，以寻找各主要透水带的位置及规模，指导超前灌浆堵水具体实施。探孔孔径

不小于 $\phi76$mm，探孔孔深为 $L=30\sim50$m，一般不小于 30m。应做到每个掌子面的开挖进尺均有探孔覆盖。

4）可靠防护

主要指探孔和其他超前钻孔在施工过程中若钻遇高压突涌水时，有防护措施进行闭水及起下钻。同时，还应具备进行灌浆封堵的条件。

5）超前封堵

采用超前预灌浆的方式进行突涌水洞段超前处理。处理应达到两个目的：第一，超前在隧洞周边形成一定厚度的防渗圈，以满足在开挖过程中尽量少揭露地下水；第二，超前对隧洞开挖断面内外围岩进行灌浆加固，以满足开挖过程中围岩的整体受力稳定。

7.3.2　高压水条件下孔口封闭

（1）开孔孔径为 $\phi110$mm，钻进设计孔口管镶铸长度后灌注水泥浆，预埋 $\phi89\sim108$mm 孔口管，并安装法兰盘。法兰盘的作用是若后期钻孔出水量较大，能够方便、快捷地进行钻孔封闭并灌浆处理。孔口管镶铸完成并待凝 12h 后再进行 $\phi76$mm 深孔施工。

（2）钻孔加深施工前，预先进行孔口管耐压试验。即对孔口管进行单点法压水耐压试验，采用逐步升压至灌浆压力的方式测试，试验压力为最大灌浆压力（6MPa）的 $1\sim1.5$ 倍，即孔口管需承受压力最大值为 9MPa。根据孔口管耐压试验结果，确定灌浆压力是否适用。若孔口管无脱落、松动、漏水等现象，则灌浆压力适用，可按灌浆压力进行施工；反之说明孔口管无法匹配灌浆压力，则应根据试验过程中孔口管能承受的最大压力对灌浆压力进行调整，或重新开孔并埋设孔口管。

通过孔口管耐压试验，既需排除灌浆压力过大造成的孔口管松脱问题，也应确定其承受压力区间，以便提前调整方案，降低遇突涌水情况冲脱孔口管的风险。

（3）为了确保孔口管能有效承受设计灌浆压力，若在孔口段出现表层漏浆现象，孔口管封水也将失效，因此孔口管安装完成后应对孔口段进行优先灌浆。同时，逐段反复灌浆也能够进一步提升孔口管的耐压能力。

（4）深孔施工预埋 $\phi108$mm 孔口管后，镶嵌法兰盘，穿过钻杆安装孔口抱杆器，对接法兰盘但不拧紧对接螺栓。如遇突水情况，根据压力及钻杆处渗流水情况第一时间拧紧对接螺栓，挤压抱杆器。抱杆器受压后挤压内部胶球使其横向膨胀并卡紧钻杆，能迅速封堵孔口，隔绝突水出口。在不退钻的情况下（损失孔内钻具及钻杆）通过抱杆器的三通进行封孔灌浆，以防止地下水大量进入斜井。

（5）施工现场必须常备胶球式灌浆塞、模袋灌浆装置、手拉葫芦等孔口应急封闭装置，一旦孔口管失效，应立即安装孔口封闭装置对孔内地下水进行封闭，以降低钻孔出水量和为后续灌浆封堵创造条件。

7.3.3　地表帷幕灌浆施工工艺

1）布孔

地表帷幕灌浆施工旨在截断断层带的主要漏水通道，降低隧洞内的处理难度，需要有相关断层带的详勘资料，给本部分灌浆施工提供更为精准的灌浆堵漏方案设计。

深层隔断灌浆施工：根据地勘资料判断断层带及分布范围，若断层周边岩体较为破碎，施工部位应选取隧洞顶以上 10～20m 作为处理区域，处理区域采用上弧形分布，弧度尽量与隧洞顶拱弧度一致，尽可能地从上部截断透水通道。

浅层隔断灌浆施工：若断层分布较小，且断层周边岩体相对完整，可在断层埋深为 30～40m 部位进行截断灌浆施工，该方案可大幅度减小钻孔深度和孔数，减少材料损耗和工期。但需要较为详尽的地勘资料给予支撑。

在确定待处理部位后，布孔充分考虑灌浆的"围、堵、挤"原则，在每一片灌浆区域都将体现这一原则，灌浆的过程是先低压从外围灌注，待形成封闭体系后，再在中间进行高压灌注。在同一排中，也采用分序灌注。这样可以充分提高灌浆压力，使浆液在有效范围内扩散和凝结，减少浆液的浪费，也有效地提高灌浆效果和灌浆工效。

布孔初步采用两排灌浆孔，孔距 2～3m，排距 2m，梅花形布置。

2）孔深及灌浆段长

孔深根据地勘资料确定处理部位后确定。处理灌浆长度范围以 10m 为宜，可有效地实现断层带的阻水。

3）灌注工艺

灌浆采用孔口封闭、孔内下射浆管、纯压式灌注的灌浆施工工艺，主要对灌浆处理范围内的灌浆长度采用速凝膏浆结合少量的特种堵水浆材进行灌注。

4）灌浆压力

灌浆采用压力-注入量双限控制技术，根据注入量选择不同的灌浆压力，最大灌浆压力采用 0.3～0.5MPa。首先满足浆液能够进入断层裂隙中，并有一定的扩散半径，保证不出现漏灌地段；其次需要避免造成浆液浪费。

5）浆液变换标准

（1）连续灌注 30min，孔口仍不返浆或者孔口仍不起压，可变换一次浆液。

（2）灌浆耗浆量大于 $0.5m^3/m$，可变换一次浆液。

灌浆过程中，注入量在逐步减少或者灌浆压力在逐步升高时，不得变换浆液。

6）结束标准

（1）若没有明显的串、冒、跑浆现象，应尽量达到结束灌浆压力，以保证浆液的扩散半径，达到截断破碎带透水通道的目的。

（2）若产生串、冒、跑浆现象，在采取间歇、止浆等措施无效后，结束，待凝后在附近钻孔进行补强。

7）特殊情况处理

（1）灌浆过程需时刻注意压力和流量的关系，如发现无压状态下，流量过大或常压下流量突然增大，应停止灌浆，查明原因后再继续施工。

（2）钻孔时如遇塌孔可视情况分段灌浆。即在塌孔时先灌上段，浆材初凝后再扫孔，向下钻进至设计深度，再进行下一段灌浆。

（3）若存在大量漏浆的情况，常规膏浆不能正常结束时，建议采用速凝膏浆或其他速凝材料进行灌注。

（4）如遇其他特殊情况，经技术人员研究，浆材配比、灌浆压力及灌浆结束标准可作适当调整，但调整是以确保灌浆质量为原则。

7.3.4　掌子面涌水灌浆施工工艺

1. 表层封堵

表层封堵一般遵循先施工渗水区域外围规则钻孔，再施工渗水区域内规则钻孔，最后根据需要进行加密或加深钻孔的施工顺序。施工准备→施工平台搭设→孔位放样→顶拱规则孔钻孔→涌水流量与压力测定→灌浆→封孔→顶拱集中涌水区域之外的规则孔钻孔→涌水流量与压力测定→灌浆→封孔→底板规则孔钻孔→涌水流量与压力测定→底板规则孔灌浆→底板规则孔封孔。

钻孔布置需根据洞段边顶拱渗水、涌水出露位置以及裂隙发育情况采用规则和不规则布孔结合。首先进行规则布孔，孔间距 1.5～2.0m，一般取 2.0m，梅花形布置，然后在规则孔施工后仍残余有少量渗漏水的部位及周围布设一定数量的不规则堵水孔（加密孔），通常采用 2m×2m 布孔，规则孔及不规则孔的孔深均不小于 6.0m。

堵水灌浆单孔施工工艺流程：孔位放样、钻进至目的孔深、镶铸孔口管、纯压式灌浆至结束、封孔。

2. 截水帷幕灌浆

1）散状渗漏或裂隙渗漏

根据隧洞涌水洞段的出水特点，结合隧洞堵水灌浆经验拟采取如下施工顺序：施工准备→施工平台搭设→孔位放样→钻孔→涌水流量与压力测定→灌浆→封孔。

（1）孔位布置

与表层封堵孔位布置要求一致。

（2）钻孔

① 钻孔方向及孔深

规则钻孔孔向一般垂直于洞壁，不规则钻孔尽可能与岩体结构面相交；规则和不规则堵水入岩深度均不小于 6.0m；当施工中遇集中渗（涌）水时可根据堵水灌浆效果适当加深加密，加深孔深度不宜超过 12m，加密范围根据现场实际情况确定。

② 钻孔孔径及孔口管镶铸

钻孔开孔孔径为 $\phi50～76$mm，终孔孔径不小于 $\phi38$mm，镶铸 $\phi40～56$mm，$L=0.5～1.0$m 的耐压无缝地质钢管，孔口管外露 10cm。孔口管安装可采用特种水泥掺入速凝材料、特种堵水灌浆材料、纯水泥浆固定镶铸，对出水量和压力较大的孔可采用封水装置，其装置为孔口管专用封水装置。

（3）灌浆

① 灌浆方法

采用孔口封闭纯压式灌浆法或纯压式卡塞灌浆法。

② 灌注步骤

先灌注无水孔，再灌注有水孔。出水孔若能准确测定流量，需先测定涌水流量，再进行灌浆。有水孔采用先灌注出水量较小、出水深度较小的孔，后灌注出水量较大、出水深度较大的孔。

③ 灌浆浆液

主要采用常规的（速凝）膏浆灌浆材料，低热沥青灌浆材料、C-GT1 堵水浆材及水泥灌浆材料。具体材料配比及以上几种浆材使用顺序根据降水后的掌子面涌水情况最终确定。

④ 灌浆段长度与压力

采用模袋法快速镶铸工艺镶铸孔口管。钻进中若遇塌孔严重或孔内涌水状况，可根据具体情况将灌段分为几段，采用纯压式分段灌浆。灌浆压力：在渗水、涌水出露部位以及外围6～10m区域内的不规则堵水布孔区和孔内有涌水的孔，压力一般按1.5MPa+2倍涌水压力控制；正常的规则孔（无涌水），灌浆压力按1.5MPa控制；灌浆压力在施工中可根据现场施工情况作适当调整。

⑤ 浆液变换原则

a. 当灌浆压力保持不变，注入率持续减少时，或注入率不变而压力持续升高时，不得改变水灰比。

b. 当某级浆液注入量已达300L，或灌浆时间已达30min，而灌浆压力和注入率均无改变或改变不显著时，应提高一级水灰比。

c. 无水孔段灌浆已达最大比级且单位灌注量超过800kg/m仍无明显变化的孔段或表层渗漏（串冒浆）严重的孔段，改用水泥-水玻璃混合浆液或特种堵水灌浆材料进行灌注。

⑥ 灌浆结束标准

在最大设计压力下，注入率不大于1L/min后，继续灌注10min即可结束灌浆。采用特种堵水灌浆材料或双液灌注时，一旦注入量小于1L/min，即可结束，避免管路堵塞。

在灌注过程中不能灌注结束的孔段，可根据具体情况待凝后扫孔复灌，直至达到结束标准，待凝时间不宜小于8h。

⑦ 灌浆注意事项

a. 严格控制灌浆升压速度，升压速度要与吸浆率协调，以减小围岩抬动。

b. 严格执行灌浆材料的计量工作。

⑧ 特殊情况处理

冒浆、漏浆：灌浆过程中发现冒浆、漏浆时，依次采用表层处理（嵌缝）、低压、浓浆、限量、间歇灌浆、待凝，或采用特种堵水灌浆材料、双液（水泥-水玻璃）控制灌浆技术进行灌注，待表层漏浆已被控制后，再改灌纯水泥浆直至达到结束标准。

串浆：灌浆过程中发生串浆时，如串浆孔具备灌浆条件，可一泵一孔同时进行灌浆。否则，塞住串浆孔，待灌浆孔灌浆结束后，再对串浆孔进行扫孔、冲洗，而后继续钻进或灌浆。

灌浆中断：灌浆须连续进行，若因故中断，其处理原则如下：第一，尽快恢复灌浆，否则立即冲洗钻孔，而后恢复灌浆。若无法冲洗或冲洗无效，则扫孔后复灌。第二，恢复灌浆时，使用开灌比级的水泥浆灌注，若注入率与中断前的相近，则采用中断前的比级水泥浆灌注；如注入率较中断前减少较少，则逐级加浓浆继续灌注；如注入率较中断前减少很多，且在短时间内停止吸浆，则采取适当提高灌浆压力等补救措施。

⑨ 封孔

采用压力灌浆封孔法封孔。灌浆结束后，以0.5∶1浓浆并采用该孔最大灌浆压力进行灌浆封孔，延续时间10min后结束，孔口空余部分采用人工抹水泥砂浆封填密实。

2）集中涌水处理

为保证涌水的顺利封堵，经现场察看及地质资料分析，初步确定集中涌水处理步骤为：分流减压孔施工→封堵原始涌水通道→分流减压孔灌浆→集中涌水区域补充加固。

（1）分流减压孔布置

在涌水处边墙及拱肩范围多层次、多角度地布置分流减压孔，并需安装带高压阀门的耐压钢管进行分流减压。

分流减压孔施工的主要目的在于截取涌水点主通道一定深度的部分裂隙水，由埋入带阀门的耐压引水管（钢管）排出，使原涌水点水量减小、压力降低。为能截穿涌水点主管道，拟采取从涌水点附近以一定孔距、倾斜角打孔，布孔形式主要围绕集中涌水点及可能出现的涌水主通道部位进行布置。

（2）分流减压孔钻孔

分流孔采取大口径开孔，考虑到钻孔出水为高压水，不利于扩孔和孔口管埋设，一般采用 $\phi110\sim130$mm 开孔，预埋 $\phi90\sim110$mm 孔口管，孔深不定，以打出大水为宜，垂直深度不大于 15m。对于未打出大水或少量出水的孔，若钻进过程中出现岩石破碎等异常，孔深达 15m 为宜，该类孔作为封堵加固孔进行灌浆。

（3）封堵原始涌水主通道

通过若干分流孔分流、降压后，原始涌水点出水量基本减少、压力明显降低后，可判定原始涌水点已达到灌浆封堵的条件。

首先，在原始涌水点周围沿不同方向施工 1~3 个封堵孔，并预埋孔口封闭装置，然后对其进行灌浆施工。原始涌水点封堵采用水泥浆或特种堵水灌浆材料进行灌注，直至涌水点无渗水现象，压力明显升高并停止吸浆后方可结束灌浆。灌浆结束后，关闭孔口封闭装置，待凝 8~12h 后扫孔，采用纯水泥浆复灌至结束标准。

（4）分流减压孔灌浆

① 灌浆方法

虽然原始涌水主通道已封堵完毕，但是需通过分流减压孔灌浆，进一步减少主通道和次通道的涌水来源。

分流减压孔一般先灌注出水小的孔，后灌注出水大的孔，并按出水深度自浅而深、距离原始涌水点自近而远的原则进行灌浆。通过不同深度的分流减压孔灌浆，可以截断或减少深层主通道和次通道的涌水量，以减小最后预留的分流减压孔的总出水流量和出水压力，从而降低集中涌水完全封堵的施工难度。

因出水较大的分流减压孔多数会在不同深度遇大透水通道等现象，故针对该类灌浆孔需采用特种堵水浆液（速凝膏浆、低热沥青或 C-GT1 堵水浆材拌合料）进行灌注，由浅而深逐步将浆液由分流孔口部向深部出水管道堆积填充，使之达到在一定深度范围内充填封堵透水通道的目的。灌浆过程中所有分流孔主要排水管阀门打开，观察串浆孔的情况，再选择性地关闭或打开，切忌快速关闭或全部关闭剩余分流减压孔的阀门，避免因内水压力短时间内快速升高，使岩体发生抬动破坏或产生新的出水通道。具体可应根据灌浆压力的升降情况，通过逐步缓慢开启和关闭排水管阀门的方式进行分流孔灌注。

② 灌浆参数

a. 灌浆压力：分流减压孔灌浆压力为出水压力的 2 倍但不低于 1.5MPa。

b. 灌浆根据情况选用纯水泥浆、（速凝）膏浆、低热沥青或 C-GT1 堵水浆材拌合料。

c. 浆液比级根据最终涌水段的压力及流量等综合确定。

d. 灌浆流程：采用 0.5∶1 的浓浆灌注，若灌注效果不明显，则可视情况采用（速凝）膏浆、低热沥青或 C-GT1 堵水浆材拌合料等特种堵水浆液进行灌注；针对钻孔遇大空腔或出水量较大的分流减压孔，可直接采用以上特种堵水浆液灌注。

e. 水泥基浆灌注结束标准：在最大注入压力下，吸浆量不大于 1.0L/min，继续灌注 10min 即可结束。

f. 采用特种堵水浆液灌浆结束的孔（段），须扫孔后采用纯水泥浆复灌，直至达到纯水泥浆灌浆结束标准。

g. 封孔：每孔灌浆结束后，采用全孔灌浆封孔法进行浓浆封孔。

（5）集中涌水区域补充加固

在原始涌水点和分流减压孔封堵灌浆完毕后，需要对集中涌水处理区域进行补充加强灌浆，现场察看确定后布置一定数量的加密灌浆孔，钻孔和灌浆要求与该部位深层固结相同。

3. 深层固结灌浆

在截水帷幕施工完毕、截水墙形成后，即可开始本阶段深层固结施工。通过深层固结孔灌浆形成不小于 15m 岩盘厚度的防渗固结圈，以提高岩体整体性和抗变形能力；同时又起到增加盖重的作用，防止在集中涌水最后封堵时，由于内水压力急剧增加而发生围岩被再次击穿破坏。

1）灌浆方法

（1）拟采用分段卡塞、循环式灌浆（钻孔正常的灌浆孔）或孔口封闭，纯压式卡塞灌浆（钻孔打出大水或遇较大溶蚀裂隙、溶腔等）方法。

（2）灌浆孔环间分Ⅰ、Ⅱ序，Ⅰ序环统一采用自浅至深施工，Ⅱ序环可以采用自深至浅（成孔困难时，采用跟管或者从浅到深的方法钻孔和灌浆），各段压力均一次逐步升至设计压力。灌浆孔环内逐步加密，并先灌奇数孔，后灌偶数孔。但若岩体破碎、岩溶发育，为富水洞段等特殊情况可不进行分环分序施工，须按钻孔有无出水或出水深度及出水大小决定施工顺序，出水孔灌浆前应先测定涌水流量与压力。

（3）灌浆过程中，如出现表层漏浆、挤压破碎带等情况，则 0～4m 段采取镶铸孔口管灌浆，镶铸孔口管后，可进行孔口封闭法灌浆。

（4）灌浆原则上一泵一孔，当相互串浆时，可采用群孔并联灌注，但并联孔不宜多于 3 个，并应控制灌浆压力的平衡。

灌浆分段及各段次灌浆参数见表 7.3-1。

分段及各段次灌浆参数　　　　　　　　　　　　　　　　表 7.3-1

段次	段长（m）	灌浆压力
1	0～4	涌水孔为出水压力的 2 倍，但不低于 1.5MPa
2	4～8	6MPa
3	8～12	6MPa
4	12～15	6MPa

2）浆液水灰比和变换原则

（1）水泥采用 P·O42.5，水泥浆液水灰比采用 1∶1、0.8∶1、0.5∶1 三个比级，Ⅱ

序孔开灌水灰比可根据现场情况适当调整为 2：1，水泥砂浆水灰比（0.38～0.42）：1；当吸浆量大时，可先采用特种堵水材料灌注，待压力上升或流量减小再用纯水泥浆灌注结束。

（2）灌浆过程中，浆液变换标准如下：

① 当灌浆压力保持不变，注入率持续减少时，或注入率不变而压力持续升高时，不得改变水灰比；

② 当某级浆液灌入量已达 300L 或灌浆时间已大于 30min，而灌浆压力和注入率均无改变或改变不显著时，应提高一级水灰比；

③ 当注入量大于 30L/min 时，而灌浆压力和注入率均无改变或改变不显著时，可根据具体情况越级提高，直到灌注水泥砂浆或水泥瓜米石砂浆。

④ 灌浆过程中，由于改变浆液水灰比而使灌浆压力突增或吸浆量突减，应立即查明原因，随时调整。

3）灌浆结束标准

（1）纯水泥浆结束标准：在设计规定的灌浆压力下，若从深到浅进行灌浆，灌浆孔除了孔口第一段外，吸浆量不大于 1L/min，继续灌注 10min，即可结束；孔口第一段：吸浆量不大于 1L/min，继续灌注 30min，方可结束，但若以 0.5：1 的水灰比灌注结束，吸浆量不大于 1L/min，继续灌注 20min，即可结束。若从浅到深进行灌浆，每一段吸浆量不大于 1L/min，继续灌注 30min，方可结束，但若以 0.5：1 的水灰比灌注结束，吸浆量不大于 1L/min，继续灌注 20min，即可结束。

（2）特种堵水浆液及水泥-水玻璃双液结束标准：采用特种堵水浆液灌注时，为防止浆液堵塞灌浆管，吸浆量不大于 1L/min，继续灌注 10min，即可结束灌浆。

采用特种堵水浆液及水泥-水玻璃双液灌注结束的灌浆孔段，必须扫孔后采用纯水泥浆灌注至结束标准，并按第"5）灌浆封孔"要求进行封孔。

4）闭浆标准

灌浆结束后，若孔段内的浆液存在返流溢出现象，则需要采用闭浆措施，即将灌浆塞留在灌浆孔内，继续保持孔段封闭状态直至浆液初凝，以打开阀门，孔口不返浆时取塞，当孔内为有压水时，应用止浆阀保持孔内压力直至浆液完全凝固。

5）灌浆封孔

灌浆施工结束后，必须及时进行封孔，封孔前排出孔内稀浆。隧洞灌浆段封孔采用水灰比 0.5：1 的水泥浆封孔，封孔压力 1.5MPa。若分段封孔，则每段封孔时间不少于 10min，总时间不少于 30min；若全段一次封孔，则封孔总时间不少于 30min。

第8章 典型案例分析

8.1 新疆某调水工程隧洞超前灌浆施工的特殊问题

隧洞线路内穿越众多富水的断层和破碎带，围岩的岩性也颇为复杂。该区域内存在承压水，其中最大的承压水压力超过 4MPa。该区域夏季多雨，冬季多雪，河流山泉众多，水源补给充足。

隧洞具有高承压水的特点，本节在动态设计理念的基础上完善了灌浆施工的方案，在施工过程中随着围岩变化、超前地质预报并结合涌水量结果分析等，动态调整施工材料和工艺。同时，在动态设计理念的超前预灌浆中，需要解决高压水封闭及孔口止浆等方面的难题。

1）防高压水钻孔孔口封闭装置

在钻孔施工过程中，当钻至高压渗水层时，有可能发生突涌水将钻杆反压出孔口，甚至发生连钻机一起顶出造成人员伤害的事故，安全隐患极大，且一旦钻杆被顶出后，再无法下设灌浆管进行处理。针对这一情况，通过研究采用"孔口管＋孔口封闭装置"的方法进行临时封水，专用孔口封闭装置如图 8.1-1 所示。

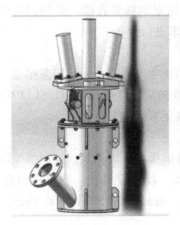

图 8.1-1　高压水地层安全钻进孔口封闭改进装置

2）模袋止浆装置

采用模袋止浆装置可有效提高施工效率，该装置主要原理是将水泥浆或水泥砂浆注入土工模袋使之膨胀达到堵漏的作用。安装好后即可进行后续注浆施工，不需待凝等强，如图 8.1-2～图 8.1-4 所示。

图 8.1-2　模袋止浆装置

图 8.1-3　模袋止浆装置安装

图 8.1-4　模袋孔口管镶铸制作安装示意图

根据现场施工情况分析，高压水超前预灌浆处理方案动态设计合理，灌浆施工实施效果显著（图 8.1-5、图 8.1-6）。

图 8.1-5　底板探水孔钻孔施工和地质钻机加固完成

在超前预灌浆处理后，隧洞开挖正常进行，在开挖过程中，隧洞左侧腰线部位出现一

181

图 8.1-6 防高压水钻孔孔口封闭装置现场测试

股裂隙涌水，经检测，涌水量约为 $12m^3/d$，涌水压力为 0.3MPa，出露裂隙开度约为 3～5cm。经快速封堵后，无明显涌水，如图 8.1-7 所示。

图 8.1-7 快速封堵后基本无涌水

8.2 引汉济渭工程秦岭深埋隧洞现场试验段渗漏水处理

8.2.1 试验段渗漏情况

1）K36＋254～K36＋260 段

根据相关资料及现场查勘，K36＋254～K36＋260 段埋深约为 1160～1450m，岩石完整性较好，岩石硬度大，裂隙少发育。

试验段范围为 K36＋254～K36＋260 段，地下水主要出露于侧边墙及隧洞拱部内侧边墙，处理前渗漏量约为 $350m^3/d$。进入试验段附近时有明显流水声，视频中可见约 10 处清晰股状水，7 处渗水，如图 8.2-1 所示。渗漏水主要为基岩裂隙水。

与帷幕灌浆不同，堵漏灌浆处理渗漏部位明确，灌浆时存在动水及较大水头压力（图 8.2-2），应目标明确、针对性地进行布孔灌浆。

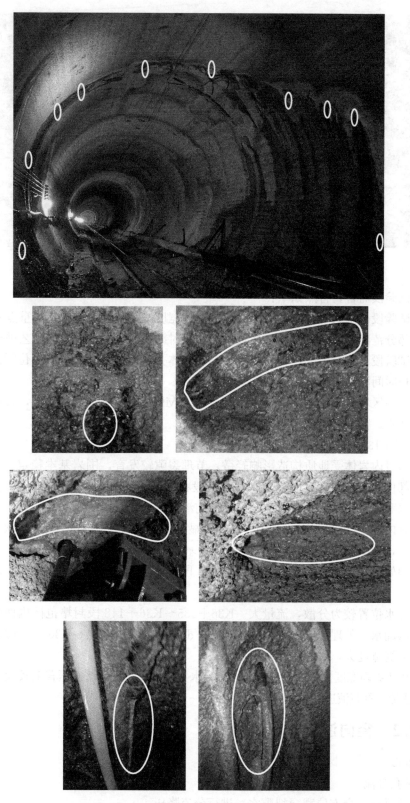

图 8.2-1　K36＋254～K36＋260 段渗漏水情况

图 8.2-2 K36+254～K36+260 段封堵区域水压量测

就本试验段而言，特点如下：

（1）试验段范围为可见明显裂隙，部分裂缝宽度较小，浆液可灌性需重点考虑。

（2）部分范围内裂隙表明连通性较好，灌注时漏浆需采用针对性的工艺进行解决。

（3）试验段渗漏量不大，约为 $350\text{m}^3/\text{d}$，岩体孔隙体积较小，部分孔位需采用针对性的小流量长时间灌注工艺。

（4）封堵区域水压较大，侧墙附近 1.5～2.1MPa，顶拱附近 2.4MPa，且封堵孔位存在明显的动水，需采用抗水流稀释浆液进行封堵。

2）K36+135～K36+148 段

此试验段内岩体受地质构造影响轻微，节理裂隙较发育，围岩基本稳定。裂隙水较发育，左拱部位及左边墙有大面积出水（为大股状压力水及线状水）、右拱部位及右边墙有少量股状水和大量线状水及点状渗水。处理前渗漏量约为 $1200\text{m}^3/\text{d}$。

试验段内有 22 处渗漏水，其中 9 处为明显大股状出水，其余 13 处为线状水和大面积散状滴漏水，如图 8.2-3 所示。渗漏水主要为基岩裂隙水。

与前期处理完成的 K36+254～K36+260 段相比，K36+135～K36+148 段的主要特点为：

（1）出水位置较为分散，流量大。K36+135～K36+148 段封堵范围内两侧边墙及隧洞拱部的渗漏水，处理前渗漏量约为 $1200\text{m}^3/\text{d}$，约为 K36+254～K36+260 段的 4 倍。

（2）裂缝宽度大，裂隙中水流速度较快。

（3）由于裂隙宽度大、出水流量大，渗流水头损失较小，封堵水压普遍较大（图 8.2-4），需采用抗水流稀释浆液进行封堵。

8.2.2 径向注浆堵水试验

1. 钻孔

1）钻孔分流

分流的目的是全方位截穿裂隙水，进行分流降压。

图 8.2-3　K36＋135～K36＋148 段渗漏水情况

图 8.2-4　K36＋135～K36＋148 段封堵区域水压量测

（1）K36＋254～K36＋260 段

根据出水量和水压，在裂缝两侧布置 38 个孔位。孔距 1～1.2m，排距 1～1.2m，梅花形布置，其作用是揭穿更多出水路径。开孔孔径为 $\phi 40mm$，钻孔尽量与主裂隙面或岩体结构面斜交，钻孔角度为 60°～80°，原则上尽可能地穿过较多的裂隙，分流更多裂隙水。浅部分流孔孔深 1.8m，深部分流孔孔深 3.5m，分流孔同时作为后期的集中封堵孔。

K36＋254～K36＋260 段注浆堵水试验孔位布置如图 8.2-5 所示。

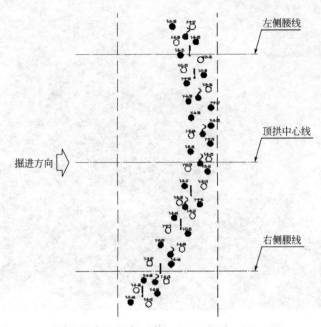

图 8.2-5　K36＋254～K36＋260 段注浆堵水试验孔位布置

（2）K36＋135～K36＋148 段

在出水量和水压较大部位裂缝两侧布置 125 个孔位，孔距 1.5m，排距 1～1.5m，梅花形布置，开孔孔径为 ϕ50mm，钻孔尽量与主裂隙面或岩体结构面斜交，钻孔角度为 60°～80°，原则上尽可能地穿过较多的裂隙，分流更多裂隙水。分流减压孔同时作后期的集中封堵孔。浅部分流孔孔深 2.5m，深部分流孔孔深 4m。

K36＋135～K36＋148 段注浆堵水试验孔位布置如图 8.2-6 所示。

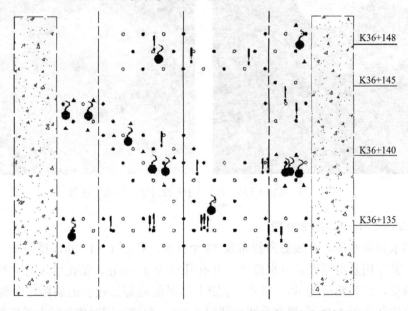

图 8.2-6　K36＋135～K36＋148 段注浆堵水试验孔位布置

2）表面嵌缝

通过分流孔的分流和减压作用，围岩表面的裂隙出水量减小，出水压力明显降低，具备进行表面嵌缝的条件。

对于出水位置较大或较宽的裂隙，使用嵌缝材料、配合棉纱的工艺进行嵌堵，防止或减少灌浆时出现串漏浆现象（图 8.2-7）。

3）浅层封堵

对浅层分流孔进行封堵，浆液由稀至浓，根据灌注条件及浆液变换原则采用特殊灌浆材料。通过浅层封堵灌浆，防止集中出水区域封堵之后，地下水沿着周围浅层裂隙流出，形成新的出水带或通道。

4）深层加固

经浅层封堵后，深层分流孔出水流量及流速明显增加，封堵难度较大。深层分流及封堵孔主要布

图 8.2-7　表面嵌缝

置在拱顶及腰线周围，孔内镶铸带高压球阀的无缝钢管。为防止地下水通过裂隙向下部扩散，先施工仰拱块至隧洞腰线范围的孔或拱顶附近的孔，再施工出水点周边的孔。

5）闭水试验

在进行分流减压孔灌浆之前，先进行闭水试验，即全部关闭预留的分流减压孔的控制闸阀 8～12h，检查是否还有未发现的次生裂隙或出水现象。若没有发现新的出水点，进行最终封堵。

6）集中封堵

在浅层封堵和深层加固施工结束之后，只剩余几个出水流量大、压力高的分流减压孔，此时由浅孔开始灌浆，向深孔推进，灌浆浆液采用防扩散、可控胶凝时间的特种浆液，过程中部分引排孔阀门打开，观察串浆情况，待所串浆液达一定浓度后逐步关闭串浆孔。如此，逐步将浆液由裂隙口向深部堆积填充，达到完全封堵裂隙的目的。

2. 灌浆

1）灌浆顺序

灌浆按照"先无水后有水、先小水后大水、先浅层后深层、先两端后中间、先拱脚（仰拱块附近）后顶拱再边墙"的顺序依次进行灌注。灌浆过程中，根据具体出水情况酌情调整、优化灌浆顺序或增加其他有利于地下水封堵的工序。

2）灌浆压力

K36+254～K36+260 段：灌浆压力为 1.0～3.0MPa，涌水孔为灌浆压力加涌水压力，最高不超过 3.5MPa。

K36+135～K36+148 段：灌浆压力为 2.0～3.0MPa，深孔、减压孔、涌水孔灌浆压力为涌水压力加 0.3～0.5MPa，最高不超过 4.0MPa。

3）浆液配比

（1）K36+254～K36+260 段

① 纯水泥浆：采用 2:1、1:1、0.8:1、0.5:1 四个比级的纯水泥浆液，现场采用

2：1开灌。

②特殊浆材：不析水难稀释水泥基材料与流变特性缓变型材料，由水、水泥、外加剂组成。裂隙水和股状渗水洞段的地下水处理为水：水泥：外加剂＝（0.5～2）：1：0.15。

（2）K36＋135～K36＋148段

①纯水泥浆：采用1：1、0.8：1、0.5：1三个比级的纯水泥浆液，现场采用1：1开灌。

②特殊浆材：不析水难稀释水泥基材料与流变特性缓变型材料，由水、水泥、外加剂组成。裂隙水和股状出水洞段的地下水处理为水：水泥：外加剂＝（0.5～1）：1：0.20。

4）浆液变换标准

（1）当灌浆压力保持不变，注入率持续减少，或注入率不变而压力持续升高时，不得改变水灰比；

（2）当某级浆液注入量已达300L或灌浆时间已大于30min，而灌浆压力及注入率均无改变或改变不显著时，应改浓一级水灰比；

（3）当注入率达到30L/min，但灌浆压力和注入率均无改变或改变不明显时，可根据情况越级变浓，直至灌注特种堵水浆材。

5）灌浆结束标准

灌浆达到以下指标后方可结束：

（1）纯水泥灌注时，灌浆压力逐步升高至设计压力，注入率小于1L/min，持续灌注20min即可结束；

（2）特殊堵水浆材灌注时，灌浆压力逐步升高，注入率小于1L/min即可结束。

6）闭浆标准

灌浆结束后，采用闭浆措施（关闭孔口封闭的高压球阀），继续保持孔段封闭状态直至浆液完全凝固（终凝）后拆除孔口封闭器。

7）封孔

灌浆孔全部安装孔口封闭器，采用孔口封闭纯压式灌浆法。灌浆结束后，割除孔口封闭器或膜袋塞，使用M25水泥砂浆对孔口空余部分进行封填处理。

3. 堵水试验效果分析

K36＋254～K36＋260段和K36＋135～K36＋148段突涌地下水，在完成注浆堵水试验后，涌水量大幅度减小，无股状水和线状水，仅存少量滴漏渗水。经业主、设计、监理、施工等多方现场验收，K36＋254～K36＋260段残余渗漏量约为0.5L/s，单点集中出水量约为0.1L/s（不含试验开始前底部仰拱块区域突涌水）；K36＋135～K36＋148段残余渗漏量约为1.5L/s，单点集中出水量约为0.2L/s（不含试验开始前底部仰拱块区域突涌水）。两段残余涌水量均小于设计确定的"每30m长渗水洞段残余漏水总量不大于3L/s，单点集中出水量不大于0.5L/s"的标准，满足后续工程建设需求（图8.2-8）。

针对高压突涌水，提出了可行的注浆堵水处理措施，配合经济适用的注浆材料，实现了有效封堵。经过在引汉济渭工程秦岭隧洞TBM施工段岭南工程K36＋254～K36＋260段和K36＋135～K36＋148段的注浆封堵试验，表明该技术具有良好的封堵效果，值得推广应用。

（1）宜根据岩体渗漏通道特性、水压及水量等选取适用的浆液。细小裂隙，需重点考

图 8.2-8 渗漏段处理后效果

虑浆液的可灌性；动水条件下，需关注浆液的抗冲及凝固特性。

（2）宜根据隧道渗漏部位不同的出水量、水压、出水面积、地质构造、节理裂隙发育等情况设计针对性的注浆封堵方案；根据出水量对隧道断面划分区域，对不同区域采用不同的封堵措施，合理布置钻孔。

（3）水压高、流量大的渗漏部位，分流减压措施较为重要；岩体较为破碎的部位，渗漏位置周围浅孔加固是避免渗涌水封堵后产生新漏点的关键工序。

8.3 新疆某隧洞掌子面涌水灌浆快速处理

1. 工程特点

新疆某隧洞在进行地表灌浆、完成洞内抽水之后，掌子面仍然存在大量涌水，从灌浆堵漏角度分析，该工程有以下几个特点：

（1）洞段多破碎带，根据地质资料及开挖揭露情况分析，涌水通道多、裂隙大，涌水

189

量约为 120m³/h，堵水难度较大；

（2）深部涌水压力达 1.6MPa，且存在动水，根据现场测试，动水流速约为 1～2m/s，灌浆封堵存在一定难度，对灌浆材料及灌浆工艺要求高；

（3）洞内漏水补给水源连通性良好，水源补给充分；

（4）破碎带灌浆堵水后要保障开挖，须进行超前预注浆，对开挖轮廓线外围进行防渗和固结。

2. 灌浆方案

采用动态设计制定灌浆方案，完成洞段的涌水处理。

（1）堵漏加固基本思路。根据本工程的特点及以往类似工程经验，考虑工期及造价等因素，采用灌浆的方案对掌子面涌水进行综合治理。堵漏基本思路为：先堵水，然后加固，再进行超前预灌浆，以保障隧洞开挖顺利通过断层。

（2）堵漏加固方案。涌水发生后的监测显示，涌水流量较为稳定，与稳定补给水源连通性良好。

参照类似堵水工程经验，结合本工程具体地勘、监测、设计等资料，在以上堵水基本思路的指导下，顺利完成隧洞涌水的封堵处理，进而保证隧洞开挖顺利通过断层带。

根据本工程堵水处理总体目标和规划，以及工期安排，分三个阶段施工。

（1）第一阶段，截水帷幕灌浆

根据已有地质勘察资料，隧洞掌子面位置正与断层带相切，可能是造成涌水的主要原因，由于断层岩体破碎，前期隧洞掘进施工中出现了塌方等问题。同时已有地质勘察资料显示，除断层外岩体结构完整，为Ⅲ类岩体，并且断层位置比较规律。本阶段截水帷幕灌浆主要为加固表面岩体及截断透水通道。

（2）第二阶段，深层固结与集中涌水处理

大部分涌水处理完成后，即可开始第二阶段深层固结施工。本部分施工主要为实现隧洞周围断层带的深层帷幕并对周围岩体进行加固处理，以保证本段开挖后不再出现新的涌水段，减少塌方等问题的风险。

（3）第三阶段，预注浆处理，顺利通过断层

通过前两个阶段的施工，完成涌水处的封堵后，再进行隧洞掘进时，须进行超前预灌浆，以保证隧洞开挖顺利通过断层带。

针对本工程特点，除采用普通水泥浆灌浆材料外，以下灌浆材料对于本工程的堵水处理，具有较强的针对性和可行性。

（1）速凝膏浆。对有流速的动水条件下的大孔隙地层灌浆，已有的工程成功经验和研究表明，水泥（速凝）膏浆技术是行之有效的手段之一。

（2）水下不分散缓变型水泥基灌浆材料。在水泥浆液中加入外加剂形成，采用 1∶1、0.7∶1、0.5∶1 三级水固比，由稀向浓进行变换。

（3）低热沥青灌浆材料。主要用于较高流速的涌水处理。技术成熟，已形成配套的沥青浆液制备、浆液灌注设备，并应用于多个工程案例。

同孔段水泥浆液、速凝膏浆、水下不分散缓变型水泥基灌浆材料变换时，制浆设备、灌浆设备不需要调换。

（4）其他灌浆材料。本工程中临时性封堵措施，可采用水泥-水玻璃浆材、水泥砂浆、模袋埋设灌浆管等进行适当应用。

综合以上几种灌浆材料的选用，本着经济高效处理的原则，选用针对性的灌浆材料，并配合相适应的灌浆工艺，在多项工程中均有成功应用，并且在本项目地表灌浆及试验段堵水处理中也得到验证。

洞内抽水完成后，由于地表灌浆的处理，洞内漏水量降低明显，约为 120m³/h，但是由于之前发生突涌水时，掌子面发生了塌方，由此，为了保障施工过程中的安全，在掌子面前端设置了止浆墙（图 8.3-1）。

图 8.3-1 止浆墙施工完毕渗水量仍较大

根据本洞段地质情况分析，由于破碎带围岩破碎，给灌浆堵水造成了一定的困难。在灌浆初期，进行截水帷幕灌浆，截断外围水量供给，并对周围岩层进行一定的固结（图 8.3-2）。

图 8.3-2 现场截水帷幕施工

完成帷幕截水灌浆后，大部分分散水变成集中水，均由之前预留在止浆墙上的排水孔进行排水，下一步工作先进行深层固结，并完成集中涌水处理的方案，对掌子面前端15m左右洞段进行固结灌浆，不断地固结围岩，使涌水均由排水孔或泄压孔中排出。

采用模袋封孔技术，埋设注浆管，快捷方便、成本低。根据现场测试水压力，集中涌水的静水压力达到1.6MPa（图8.3-3、图8.3-4）。

图8.3-3　模袋埋设

图8.3-4　集中涌水处理

现场灌注速凝膏浆、水下不分散缓变型水泥基灌浆材料、低热沥青灌浆材料等，完成了集中涌水的快速封堵，掌子面无明显漏水点（图8.3-5）。

图 8.3-5 涌水处理后效果

完成集中水处理后,对掌子面前段 20m 范围内进行了超前探孔检查是否有集中漏水通道,同时对其进行了固结加固灌浆处理,为下一步爆破开挖做准备。

后期爆破开挖施工顺利,洞段浆液结石多处可见,爆破开挖未再发现明显漏水通道,灌浆方案设计及施工组织效果显著,达到了应有的灌浆处理效果,节省了施工工期。

第 9 章　结　论

本书主要结论如下：

（1）系统调研分析了目前常用的涌水预测方法，重点对降水入渗法、水均衡法、地下水动力学法、非线性理论方法等进行了分析研究；以经验或统计资料为基础，对隧洞地下水分布与运动变化规律进行了分析研究。

（2）在快速封堵材料方面，在原有研发的基础上完善改进了速凝型膏状灌浆材料与低热沥青灌浆材料，研发了少析水不沉淀水泥基灌浆材料、流变性能缓变水泥基灌浆材料。

（3）根据常用浆液流变性质、扩散方式和封堵机理以及灌浆工艺参数，建立了灌浆材料的灌浆模型，对不同浆液在不同开度、不同流速地层的灌浆效率和封堵效果进行了计算分析，为浆液在注浆工程中的选择使用提供了依据。

（4）采用"限量排放、限时封堵"的双限设计思路，根据超前地质探测结果，对储水压力、水量及洞身岩性进行综合分析，制定不同的预灌浆处理方案，并针对工程案例进行了设计；提出了将灌浆孔作为检查孔，根据钻孔出渣、钻进速度变化、出水量、出水压力等信息进行前方短距离地质分析的方法，对掌子面前方短距离内围岩透水性、均匀性进行判定，确定分排、分序钻孔方案，形成了重点灌注区域孔位布置优化调整的动态设计方法。

（5）在调研分析的基础上，形成了一种满足钻进、退钻杆的高压水封堵装置，提出了相应的施工工艺并进行了测试应用；对孔口封闭装置及配套工艺进行了调研分析，提出了适宜的方案。

（6）研发了隧洞超前预注浆 15MPa 超高压灌浆设备，开展了超高压灌浆泵测试试验，15MPa 压力条件下压力、流量可长时间保持平稳，并成功应用于重庆某轨道交通复线桥桩基缺陷部位超高压冲洗灌浆，处理效果显著。

（7）根据深埋长隧洞工程特点，在高压条件下孔口封闭、表层封堵、截水帷幕灌浆、深层固结灌浆等方面，对关键施工工艺进行了总结，形成了高压灌浆施工工艺，为高压、少孔灌浆创造了条件。

参考文献

[1] Peng L J，Yang X J，Sun X M. Analysis and control on anomaly water inrush in roof of fully-mechanized mining field [J]. Mining Science and Technology (China)，2011，21（1）：89-92.

[2] 韩凯，陈玉玲，陈贻祥，等. 岩溶病害水库的渗漏通道探测方法——以广西全州县洛潭水库为例 [J]. 水力发电学报，2015，34（11）：116-125.

[3] 张民庆，黄鸿健，张生学，等. 宜万铁路马鹿箐隧道1·21突水突泥抢险治理技术 [J]. 铁道工程学报，2008，（11）：49-56.

[4] 邓谊明. 宜万线别岩槽隧道出口DK406+422特大突水分析 [J]. 铁道工程学报，2008，（1）：62-65.

[5] 戎凯，曹大明，王荣劲. 长凼子隧道岩溶突水、突泥特征及控制因素分析 [J]. 现代隧道技术，2010，47（5）：26-30.

[6] 张小华，刘清文. 武隆隧道暗河突水特点与整治技术分析 [J]. 现代隧道技术，2005，42（3）：59-64.

[7] 关志诚，刘志明. 大型引调水工程的建设发展与应用技术 [C]. 调水工程应用技术研究与实践. 中国水利水电勘测设计协会，2009.

[8] 杨晓东，张金接. 灌浆技术及其发展 [C]. 材料科学与工程技术——中国科协第三届青年学术年会论文集. 1998.

[9] 张民庆，张梅. 高压富水断层"外堵内固注浆法"设计新理念与工程实践 [J]. 中国工程科学，2009，11（12）：26-34.

[10] 张民庆，孙国庆. 高压富水断层注浆效果检查评定方法及标准研究 [J]. 铁道工程学报，2009，11：52-57.

[11] 申志军. 复杂岩溶山区宜万铁路修建技术 [M]. 北京：中国铁道出版社，2013.

[12] 蒋于波，赵伟，刘福生. 堵水注浆在引汉济渭工程岭南TBM施工段的应用研究 [J]. 水利水电技术，2017，48（2）：67-73.

[13] 郭小刚. 引江济汉工程干渠地基水降水设计 [J]. 水利水电技术，2016，47（8）：63-65.

[14] 任臻，刘万兴. 灌浆的机理与分类 [J]. 工程勘察，1999，（2）：11-14.

[15] 李召朋，李鹏. 引汉济渭秦岭隧洞TBM施工段突涌水涌泥施工技术探讨 [J]. 水利建设与管理，2015，35（3）：12-14.

[16] 李立民. 引汉济渭秦岭隧洞1号勘探洞突涌水及软岩大变形问题研究 [J]. 中国农村水利水电，2013，（5）：108-111.

[17] 冯志强，康红普. 新型堵水加固注浆材料的研究及应用 [J]. 中国建筑防水，2011，（5）：3-6.

[18] 张高展. 新型工业废渣双液注浆材料的研究与应用 [D]. 武汉：武汉理工大学，2007.

[19] 李泽龙. 歌乐山隧道水环境保护及堵水注浆设计 [J]. 现代隧道技术，2004，41（s3）：67-72.

[20] 吴建军，曾鹏九. 对灌浆方法的讨论 [J]. 中国新技术新产品，2009，（15）：130-131.

[21] 李志鹏. 断层软弱介质注浆扩散加固机理及工程应用 [D]. 济南：山东大学，2015.

[22] 张庆明，彭峰. 地下工程注浆技术 [M]. 北京：地质出版社，2008.

[23] 王国际. 注浆技术理论与实际 [M]. 徐州：中国矿业大学出版社，2000.

[24] 刘益勇，李文俊. 歌乐山隧道岩溶富水区帷幕注浆设计 [J]. 铁道标准设计，2003，（z1）：78-80.

［25］ Evdokimov P D，Adamovich A N，Fradkin L P，et al. Shear strengths of fissures in ledge rock before and after grouting ［J］. Hydrotechnical Construction，1970，4（3）：229-233.

［26］ 周维垣，杨若琼，剡公瑞. 二滩拱坝坝基弱风化岩体灌浆加固效果研究 ［J］. 岩石力学与工程学报，1993，12（2）：138-150.

［27］ 葛家良，陆士良. 注浆模拟试验及其应用的研究 ［J］. 岩土工程学报，1997，19（3）：31-36.

［28］ 杨坪，唐益群，彭振斌. 砂卵（砾）石层中注浆模拟试验研究 ［J］. 岩土工程学报，2006，28（12）：2134-2138.

［29］ 宗义江，韩立军，韩贵雷. 破裂岩体承压注浆加固力学特性试验研究 ［J］. 采矿与安全工程学报，2013，30（4）：483-488.

［30］ 张民庆，张文强，孙国庆. 注浆效果检查评定技术与应用实例 ［J］. 岩石力学与工程学报，2006，25（2）：3909-3918.

［31］ 刘泉声，卢超波，卢海峰. 断层破碎带深部区域地表预注浆加固应用与分析 ［J］. 岩石力学与工程学报，2013，32（增2）：3688-3695.

［32］ 李术才，张伟杰，张庆松. 富水断裂带优势劈裂注浆机制及注浆控制方法研究 ［J］. 岩土力学，2014，35（3）：745-751.

［33］ Li S C，Li Z F，Sha F，et al. The development of new composite material for the grouting treatment of Ordovician limestone aquifer and performance tests ［J］. Material Research Innovations，2015，19（S1）：S1-252-S1-255.

［34］ 张霄，李术才，张庆松. 关键孔注浆方法在高压裂隙水封堵中的应用研究 ［J］. 岩石力学与工程学报，2011，30（7）：1414-1421.

［35］ 张庆松，李鹏，张霄. 隧道断层泥注浆加固机制模型试验研究 ［J］. 岩石力学与工程学报，2015，34（5）：924-934.

［36］ 梁乃兴，陈忠明. 注浆用水泥浆体性能研究 ［J］. 建筑材料学报，2000，3（3）：275-278.

［37］ Barnes B D，Diamond S，Dolch W L. The contact zone between portland cement paste and glass "aggregate" surfaces ［J］. Cement & Concrete Research，1978，8（2）：233-243.

［38］ Grandet J，Ollivier J P. Etude de la formation du monocarboaluminate de calcium hydrate au contact d'un granulat calcaire dans une pate de ciment portland ［J］. Cement & Concrete Research，1980，10（6）：759-770.

［39］ Zimbelmann R. A contribution to the problem of cement-aggregate bond ［J］. Cement & Concrete Research，1985，15（5）：801-808.

［40］ 干昆蓉，蒋肃，李元海. 山岭隧道高压涌水的环境危害与治理 ［J］. 铁道工程学报，2008，25（9）：71-76.

［41］ 黄润秋，王贤能. 深埋隧道工程主要灾害地质问题分析 ［J］. 水文地质工程地质，1998，（4）：23-26.

［42］ 王梦恕，皇甫明. 海底隧道修建中的关键问题 ［J］. 建筑科学与工程学报，2005，22（4）：1-4.

［43］ 刘招伟，张顶立，张民庆. 圆梁山隧道毛坝向斜高水压富水区注浆施工技术 ［J］. 岩石力学与工程学报，2005，24（10）：1728-1734.

［44］ 张文城，张龙均. 雪山隧道特殊地质施工案例探讨 ［C］. 海峡两岸地工技术，岩土工程交流研讨会. 中国建筑业协会，2004.

［45］ Fong F L，Lundin T K，Chin K. Impact of environmental regulations on groundwater discharges in tunnel：a case study ［C］. North American Tunneling. 1998.

［46］ 杨新安，黄宏伟. 隧道病害与防治 ［M］. 上海：同济大学出版社，2003.

［47］ 张有天. 岩石水力学与工程 ［M］. 北京：中国水利水电出版社，2005.